番茄病毒病（坏死型）

番茄根结线虫感染植株

番茄灰霉病叶

番茄绵腐病

番茄软腐病

悬挂黄色杀虫板诱杀
白粉虱等害虫

用药剂与泥土拌成泥浆，涂抹病茎防治晚疫病

番茄氮素过剩症状

番茄2,4-D中毒症

番茄氨气危害的叶片症状

生理病害造成番茄放射状裂果

番茄高温障碍危害的叶片症状

生理病害造成番茄环状裂果

生理病害造成番茄畸形果

生理病害造成番茄畸形花——雌蕊“带化”

生理病害造成番茄空洞果

生理病害导致番
茄落花落果

番茄缺钙幼叶周围变褐色、枯死

番茄缺钾引起黄化斑叶

番茄缺磷引起紫斑叶

番茄缺硫中上部叶变淡黄色

番茄缺镁发生黄化花斑叶

番茄缺铁新叶褪绿、黄化

番茄缺锌新叶变小

番茄亚硝酸气危害的叶片症状

番茄弓形整枝

番茄剪枝再生

番茄落蔓

番茄抹枝

番茄全地膜覆盖

番茄套袋

用 2,4-D 给番茄
点花保果

寿光蔬菜生产技术丛书

保护地番茄
种植难题破解100法

王新文　编著

金盾出版社

内 容 提 要

本书由山东省寿光市农业局王新文高级农艺师编著。编著者以问答的形式，从育苗技术、栽培管理、优良品种与栽培要点、病虫害防治、生理障碍防治和种植新模式六个方面，介绍了寿光菜农在解决保护地番茄种植难点和重点问题中的新技术和新经验。本书科学性、实用性和可操作性强，文字通俗易懂，适合广大农民、蔬菜专业户、蔬菜基地生产者和基层农业技术人员阅读，可供农业院校有关专业师生参考。

图书在版编目(CIP)数据

保护地番茄种植难题破解100法/王新文编著．—北京：金盾出版社，2007.7

(寿光蔬菜生产技术丛书)

ISBN 978-7-5082-4536-2

Ⅰ．保…　Ⅱ．王…　Ⅲ．番茄-保护地栽培　Ⅳ．S641.2

中国版本图书馆CIP数据核字(2007)第042887号

金盾出版社出版、总发行

北京太平路5号(地铁万寿路站往南)

邮政编码：100036　电话：68214039　83219215

传真：68276683　网址：www.jdcbs.cn

彩色印刷：北京精彩雅恒印刷有限公司

黑白印刷：北京蓝迪彩色印务有限公司

装订：北京蓝迪彩色印务有限公司

各地新华书店经销

开本：787×1092 1/32　印张：5.75　彩页：8　字数：121千字

2009年3月第1版第4次印刷

印数：24001—39000册　定价：10.00元

前　言

山东省寿光市农民，在寿光市三元朱村党支部书记、全国劳动模范、全国优秀共产党员王乐义的带领下，学习借鉴东北地区冬季大棚栽培蔬菜的经验，勇于实践，大胆创新，率先在我国北方地区发明和推广了冬暖式塑料大棚（节能日光温室）蔬菜种植技术，变蔬菜一季栽培为四季栽培，实现了蔬菜全年生产，淡季不淡，四季常鲜，引发了寿光乃至全国的一场农业产业化革命。寿光农民在这场农业产业化革命中靠种菜走上了致富之路。截至 2006 年，全市蔬菜种植面积达到 5.3 万公顷，蔬菜总产量达到 60 亿千克。寿光市有 500 多个村成了蔬菜生产专业村，有 14 万户成了蔬菜专业户。寿光市在 1995 年被国家命名为“中国蔬菜之乡”。

如今的寿光就像“绿色的海洋”，形成了“百里大棚（日光温室）三条线，万亩蔬菜连成片”的新格局。寿光人的种菜技术不仅在全国 18 个省、市、自治区得到推广，而且走出了国门，走上了世界。美国、俄罗斯、乌克兰、德国、南非、危地马拉等国都有寿光人办的蔬菜农场。2005 年，外地从寿光聘请的蔬菜技术人员多达 4 000 余人，外地来寿光参观和考察蔬菜生产的多达 4 万人。

寿光蔬菜生产的发展，呈现出日新月异的局面。特别是近几年，涌现出了不少新典型、新技术。应金盾出版社之约，我们组织寿光市活跃在农业生产第一线的农业专家对寿光市及其周边地区农民在蔬菜生产中经常遇到的急需解决的疑难问题、栽培中应注意的关键技术和出现的新技术、典型经验以及一些有推广价值的栽培模式等进行了解、收集和总结，编写了这套丛书。丛书按蔬菜种类分为《保护地番茄种植难题破解 100 法》、《保护地茄子种植难题破解 100 法》、《保护地辣椒种植难题破解 100 法》、《保护地黄瓜种植难题破解 100 法》、《保护地西葫芦南瓜种植难题破解 100 法》、《保护地丝瓜苦瓜种植难题破解 100 法》、《保护地冬瓜瓠瓜种植难题破解 100 法》、《保护地甜瓜种植难题破解 100 法》、《保护地菜豆豇豆荷兰豆种植难题破解 100 法》9 个分册。

本丛书的编写强调从蔬菜生产实际出发，突出科学性、实用性和可操作性，深入浅出，文字通俗易懂，以问答形式，向广大农民朋友介绍了 10 多种常见蔬菜在保护地栽培中所遇到的疑难问题及其解决方法，换句话说，介绍了寿光菜农在蔬菜种植中的先进技术，对农民朋友发展蔬菜生产将起到一定的指导、促进和借鉴作用，对农业科技人员和农业院校有关专业师生也有参考价值。

我们清醒地认识到，寿光种植蔬菜的技术也不是尽善尽美的，也存在着有待解决和提高的问题，全国不少地方和单位蔬菜生产技术在许多方面比寿光更先进，值得寿光菜农学习。本丛书的出版，也是与各地蔬菜生产基地和广大菜农交流经验、接受广大读者检验的一个机会。

由于编者水平所限，书中疏漏、不妥甚至错误之处在所难免，敬请专家和广大读者批评指正。

丛书编委会

2007 年 2 月

目　录

一、番茄育苗技术

1. 番茄的适龄壮苗标准是什么?

番茄壮苗的适宜生理苗龄为 7 叶 1 心,达到这一适宜生理苗龄需要的日历苗龄,因品种的熟性和育苗方式不同而有所差异,一般冷床育苗需要 65～75 天。衡量适龄壮苗的标准可分为外部形态标准和生理生化标准。

(1)外部形态标准 番茄适龄壮苗形态特征是秧苗健壮,株顶平而不突出,高度 18 厘米左右;叶色深绿,茎秆粗壮,横径 0.6～1 厘米,节间短;茎、叶茸毛多;第一花序现蕾但未开放,着生于第六至第七片真叶间;根系发达,侧根数量多,呈白色;无病虫害。

(2)生理生化标准 ①光合能力强,这是反映秧苗的一项重要生理指标。②根系活性大。首先是根系体积大,可更多地吸收水、肥;其次是根系吸收水肥的活跃程度高。③叶绿素含量高,表明叶片中含有的叶绿素密度大,潜在的光合作用强。④碳、氮比适宜。碳、氮比适宜的秧苗生长健壮,能较早地开花结果。秧苗生理生化性状直接影响到秧苗的生长发育,具体表现在定植后缓苗速度快、植株抗逆性强、番茄产量高等。

2. 如何选择番茄育苗床地及配制育苗营养土?

(1)苗床地的选择 培育番茄苗要选择排水良好,土层较厚,土质肥沃,有机质含量较高,pH 为中性,近两年未种过茄果类的地块。番茄苗床地要尽可能早翻土,并撒石灰调节酸碱度。番茄苗床的规格一般长10米,宽1.5米。

(2)**培养土的配制与使用** ①优质培养土应具备的条件。培育番茄苗的优质培养土必须有良好的物理结构。富含足够的营养成分,且要求化学性质(主要指土壤酸碱度)相对稳定。试验测定表明:培养土的容重应在0.5～0.7之间,总孔隙度为70%～80%,pH以中性略偏碱为宜。②培养土的组成及配比。根据以上要求,生产上常用的育苗基质有肥沃园土、堆厩肥、栏粪、猪牛粪渣、炭化谷壳、草炭等。园土是培养土的主要成分,应占到30%～50%;为防止土壤传染病害,不要选择近两年种过茄科的蔬菜园土,最好选择葱蒜土;园土掘取后要充分烤晒、打碎、过筛,并保持干燥状态备用。有机肥料如猪、牛粪,堆厩肥等,是主要的营养源,应占培养土的20%～30%。这些有机肥一定要提前收集,并进行避雨堆沤,使之充分腐烂发酵。炭化谷壳或草木灰能增加培养土的钾含量,使其疏松透气,并提高pH值,其含量也可占培养土的20%～30%。据研究:培育番茄苗的培养土可采用2/4的园土、1/4的猪粪渣和1/4的炭化谷壳(体积比)配制而成。此外,还可加少量过磷酸钙;必要时,加适量石灰以调节酸碱度。③培养土的消毒。常用的方法有福尔马林消毒。一般1 000千克培养土,用福尔马林药液200～300毫升。对水25～30升,喷洒后充分拌匀堆置。并覆上一层塑料薄膜闷闭2～3天。揭膜6～7天待药气散尽即可使用。④培养土的使用。做好苗床后,在播种前1周即可铺设培养土,厚度为6～8厘米,每10平方米苗床需培养土600～700千克。要求厚度均匀一致,床面平整,播种后的盖籽土也要求用这种培养土。

3. 番茄种子处理及播种应掌握哪些技术?

(1)种子处理　番茄的种子处理,同其他茄果类蔬菜一样,主要是浸种和催芽。

一是浸种。浸种的方法很多,番茄主要采取温汤浸种和药液浸种。温汤浸种的方法是:将种子盛在纱布袋中,先置入常温水中浸 15 分钟,再转入 55℃左右的热水中浸 15 分钟,且不断搅动和及时补充热水使水温维持所需温度,随后让水温逐渐下降或转入 30℃的温水中继续浸泡 4～5 小时,最后洗净附于种皮上的黏质。药液浸种应针对预防某种病害而选取相应的药剂。如果是防治番茄早疫病,先用温清水浸种3～4 小时,再浸入 40%福尔马林 100 倍液中,20 分钟后捞出并密闭 2～3 小时,最后用清水冲洗干净。防治番茄病毒病,同样选用清水浸 3～4 小时,转入 10%磷酸三钠或 2%氢氧化钠水溶液中,经 20 分钟后取出,用清水冲洗数遍,至 pH 试纸检验为中性时即可。

二是催芽。催芽可根据种子量的多少在催芽箱、恒温催芽箱和其他简易催芽器具中进行。催芽过程中,关键是控制温度,其次是调节湿度和换气,番茄种子催芽的温度为22℃～23℃,在此范围内实行变温催芽更有利于苗齐苗壮。为保证氧气和适宜的水分,应每隔 6 小时左右翻动 1 次,并根据干湿程度补充一些水分,必要时可冲洗,以清除种子表面上的黏质。在这样的催芽条件下,番茄种子经 2～3 天即可完成催芽。

(2)播种　番茄主要采取直接播种法。播种前半天或前一天要将苗床浇透,使水分下渗 10 厘米左右。即除渗透培养土外,苗床本土还要下渗 2～4 厘米。播种时应将湿润种子拌些干细土，并来回撒播，即可播得均匀。播种量以干种子计算，每 4 平方米苗床播 20～30 克，可满足 667 平方米大田之用。播种后要撒一薄层盖籽培养土，并及时覆盖塑料膜或遮阳网。

4. 如何进行苗床管理？

番茄同其他茄果类蔬菜一样，如果采取一次成苗，可在苗床生长期间划分为 4 个时期，即出苗期、破心期、旺盛生长期和炼苗期。

(1)出苗期的管理 从播种至子叶微展即为出苗期，约需 3 天，此期主要是为了促进出苗快而整齐，必须维持较高的湿度和控制较高的温度。温度控制在 22℃～24℃为适，白天可升至 25℃～26℃，夜间可降至 20℃左右。为保持土壤湿润，在床温不过高的情况下，一般不宜揭除覆盖物。

(2)破心期的管理 从子叶微展至第一片真叶展出即为破心期，约 4 天。为了在定植期不形成高脚苗并促进先长根，主要采取控的措施。首先，在确保秧苗不受冻的情况下，尽可能多见阳光。其次，是适当降低温度，白天控制在 16℃～18℃，夜间在 12℃～14℃。其三，是控制浇水，降低床土温度。此外，遇秧苗拥挤时间苗。

(3)旺盛生长期的管理 幼苗破心后即生长加快进入旺盛生长期。为了使营养生长与生殖生长协调进行，应采取促控结合的管理措施。主要是提供适宜的温度、较强的光照、充足的水分和养分。一是控制白天气温在 20℃～24℃，夜间为 14℃～15℃；白天地温在 16℃～18℃，夜间在 12℃～14℃。二是在保证以上温度的前提下，一般不需覆盖，以利于通风见光。三是保证水分和养分供应，一般在正常的晴朗天气，应每隔1天喷水1次，以维持床土湿润；即使在低温阴雨天气，也应每隔2～3天喷水1次，以维持床土呈半干半湿状态。在床土缺肥的情况下，可结合浇水喷2～3次营养液，营养液应注意氮、磷、钾三要素的配合，三者的总浓度不要超过0.2%。这里介绍一个营养液配方供参考应用。即尿素50克，硫酸钾80克，磷酸二氢钾50克，对水100升，溶液浓度为0.18%。还可以采用氮磷钾专用复合肥配制。四是遇秧苗徒长时，可喷施50毫克/千克多效唑溶液或采取松土断根等措施。

(4)炼苗期的管理 定植前3～4天即可进行炼苗。主要是采取控的措施，包括控湿降温、揭除覆盖物等，必要时可使床土露白或进行松土断根。

5. 番茄育苗应掌握哪些技术要点？

(1)配好育苗床土 除种子发芽阶段是靠自身养分外，出苗后主要是从土壤中吸收养分，因此肥沃、疏松、无病虫草籽的床土是培育壮苗的基本条件。床土大致的比例为：壤土50%～70%，发酵好的农家肥10%～20%，马粪、陈炉灰等20%～30%，复合肥0.2%～0.3%。

(2)化学调控 种子发芽出土至吐真叶这一阶段，秧苗极易徒长，在子叶期及时喷施多效唑等抑制剂，可有效地控制徒长，同时可提高叶绿素含量，增强光合作用，为花芽分化积累营养物质。

(3)采取二次分苗 番茄子叶的大小直接影响第一花序分化的早晚，而第二至第三片真叶的大小影响到花芽的数量和质量。因此，适当稀播，扩大苗距，培育肥厚深绿的子叶和较大的2～3片真叶，是培育壮苗不可忽视的基础。当番茄苗只有2片真叶时及时分第一次苗，苗距3厘米×3厘米，这次分苗有利于控制徒长，促生侧根，改善通风透光条件。

(4)**分苗后及时灌药液** 早春育苗地温和气温均较低，且光照弱，极易发生苗期病害。每次分苗后可用甲基托布津或多菌灵药液浇1次，既可消灭地上植株的病菌，也可起土壤消毒作用，防止苗期病害的发生。

(5)**地面铺膜** 秧苗生长后期，根系会从钵下的孔中扎入地下，造成徒长或高矮不齐现象。钵下铺膜后，可防止根系扎入地下，有利于合理浇水调控秧苗的长势。

(6)**控制好温度** 番茄苗期生长的适温为白天20℃～25℃，夜间10℃～15℃。长期低于10℃以下，是形成畸形果的主要原因，应特别注意。

(7)**叶面喷肥先浇水** 叶面施肥应于喷肥前一天浇1次水，因浇水后秧苗的叶片舒展，植株代谢活跃，吸收能力强，有利于叶肥的吸收和利用。

6. 如何培育适于越夏茬栽培的适龄壮苗?

利用日光温室或大棚保护地进行番茄伏茬栽培，所需适龄壮苗标准，与冬春茬番茄的适龄大壮苗标准略有不同，主要是苗龄期较短，从播种至定植历经35天左右，不必培育至现大蕾时定植；而是在单株5～7片真叶、株高15～20厘米时即可取苗定植。要求壮苗的标准是：节间较短，茎秆粗壮且上下一样粗(茎粗0.5厘米左右)；叶片掌状，小叶片较大，叶柄粗短，叶色浓绿，子叶不过早变黄或脱落；幼苗大小整齐，无病虫危害。在苗床上相邻植株的叶片相交而不郁闭，叶片平展向阳，植株顶部平而稍凹。培育壮苗时要抓好以下主要措施。

(1)**选择适于伏茬番茄的场地和备足保护设施用料** 因伏茬番茄的播种育苗期处于夏季，幼苗生长发育受外界气候条件影响较大,必须选择地势平坦而较高燥、有浇水和排涝条件、便于通风和近4～5年内未种植过同科作物的菜田,作为建造营养土方块(或营养钵)苗床地。同时要备足小拱棚覆盖苗床所用的塑料薄膜、遮阳网、避虫网、草帘等保护设施用料,以便在育苗中实施搭荫棚、避雨、避虫、防风雹等保护措施。

(2)确定适宜播种期 能否使伏茬番茄的采收盛期正处于"伏淡"期,是关系着伏茬番茄经济效益高低的重要因素。为使伏茬番茄的采收果实盛期正处于"伏淡"期,要根据播种至始收果实所历经天数,推算准确的适宜播种期。由于夏季气温高,生育积温充足,故伏茬番茄的生育进程较快,中熟和中晚熟品种,一般从播种至开花需50～55天,从开花至果实坚熟期需40～45天,即从播种日期至摘收果实开始日期为90～100天。从入伏前后的7月20日往回推算90～100天,即4月下旬为伏茬番茄的播种适期。

(3)建造无病虫营养钵苗床 番茄伏茬栽培的育苗,其种子处理和配制营养土建造苗床的方法,与早春茬或冬春茬栽培的育苗方法相同。但因伏茬番茄育苗几乎是处在温度较高的自然环境条件下,为防止苗期发生病虫害,要特别注意搞好种子处理、苗床上的消毒灭菌和杀虫。

一是种子处理。用高锰酸钾1 000倍液或福尔马林500倍液或30%代森锌200倍液浸泡种子1小时后,随即将种子放入清水中冲洗干净,即可置于25℃～30℃处催芽,待种子有半数以上露白芽时即可播种。

在番茄病毒病(TMV)易发生地区,宜用10%磷酸三钠浸种20分钟,然后用清水淘洗干净后,再催芽、播种。在番茄溃疡病等细菌性病害易发生地区,应以1 000毫克/升链霉素浸泡种子90分钟或用0.05%次氯酸钠浸泡种子30分钟后,然后用清水淘洗干净，再催芽后播种。需要特别强调的是，不论用哪种药剂浸种，浸种后必须用清水淘洗干净后才可催芽。

二是土壤消毒灭菌和杀虫。苗床所施用的有机肥料和大棚内施用的肥料，都是经过加水调湿后堆积、盖严塑料薄膜，发酵、高温腐熟灭菌杀虫的（堆内温度可高达 60℃以上）。经过发酵充分腐熟的有机肥料过筛，与过筛的细土按 1∶3 配制调拌成苗床营养土，每 1 000 千克营养土中均匀掺入 50％甲基托布津或 50％多菌灵可湿性粉剂 80 克，2.5％敌百虫粉 60 克，以灭菌杀虫。

三是建造营养钵（块）苗床。伏茬番茄的苗床多建在大棚外（在大棚前面），多为地上苗床。苗床宽度为 1.2～1.5 米，高 8～10 厘米，长度视定植面积而确定，一般每 667 平方米定植 4 000 株需育苗苗床面积 50 米。建苗床时先将地面碾平，然后用湿土培建好苗床四周畦沿，畦沿的内面陡直，外面斜坡。畦沿垂直高度为 12～15 厘米。建好苗床四周畦沿后，在苗床底面均匀撒入 0.2～0.4 厘米厚的细沙或细炉渣灰。然后上营养土，或排放营养钵（塑料钵或纸筒），上满营养土并搂平后，浇水使营养土湿度达到饱和。经浇水沉实后，苗床内（畦内）营养土厚度（高度）为 8～9 厘米。水渗后 15～20 分钟，趁营养土呈泥状时，用铲按 10 厘米见方把营养土畦面划割为方块，并往划割的缝隙内撒填上干细沙，以便将来取苗时易挖取和取坨完整。

若苗床内排放营养钵，钵内装填营养土要满和略实，使其经浇水沉实后，钵内的营养土上面低于钵沿 0.5～1.0 厘米，装填营养土不宜过厚或过薄。

（4）采用王乐义番茄育苗法，于营养钵（块）苗床直播 番茄等蔬菜育苗的传统方法是：苗床分两级，一级是小苗床（育苗盘），播种培育子苗；另一级是二级大苗床，是将一级小苗床培育出的1～3叶真叶期的子苗，通过分苗移栽于二级大苗床继续培育成可定植于大棚保护地或大田的大苗。此传统的育苗方法存在如下缺点：因分苗移栽伤根，不仅易从根部伤口侵入病菌、病毒而感染病害，尤其易感染病毒病和某些土传病害；而且移栽缓苗期正处于早期花芽分化时期，不利于花芽分化和雄花正常形成，往往出现第一、第二花序不发达，出现畸形果率高。因此，不利于伏茬番茄前期产量及果实品质的提高。

寿光市孙家集镇三元朱村农民出身的高级农艺师王乐义在大棚茄果类蔬菜生产的实践中，发现传统育苗方法存在的问题，并针对其弊端，研究成功了用营养钵苗床直播的一级育苗法。当地菜农称此育苗法为“王乐义番茄育苗法”。此播种育苗方法是：在播种之前，趁苗床方块（营养钵）土壤湿润时，用小铲将每个营养钵（方块）的中央铲松，然后每个营养方块（钵）中央点播经过催芽的种子1粒或2粒，覆盖经过消毒、灭菌、过筛的细营养土0.4～0.8厘米厚，然后搭拱棚架子，先后覆盖30～40目的避虫网、塑料膜实施小拱棚保护。此期若遇寒流，夜间需加盖草苫保温。

（5）加强苗床管理　在伏茬番茄35天左右的苗床管理中，应掌握前促、中保、后控的技术原则。注意要抓好以下3个时期的管理。

一是出苗期管理。从播种至2片子叶充分展开，为出苗期。在播种前浇足苗床水的情况下，在出苗期一般不会发生干旱而影响出苗，故不需浇水。但此期最怕雨淋，且所需最适温度较高，要求白天温度为25℃～30℃，夜间温度为15℃～18℃。

此期正处于4月下旬至5月初，在山东及华北地区，自然温度达不到上述要求。因此，播种后立即实施小拱棚保护，既防雨淋，又可调节温度。当晴日中午前后拱棚内气温高于30℃时，及时从拱棚两头揭开薄膜，通风降温。当拱棚内气温低于25℃时，应封闭塑膜提温。为防止外界的有翅蚜、白粉虱等害虫迁入苗床为害和传播病毒病，要在小拱棚的所有通风处设置避虫网。要注意收看天气预报，在寒流天气，及时做到加盖草苫夜间保温，使拱棚内的夜间气温不低于12℃。通过抓温度调节，使幼苗处于最适温度范围，以促进其生长发育。

二是1～3片真叶期的管理。幼苗在1～3片真叶期，是由主要靠异养供应逐步转变为靠自养供应时期，也是幼苗生长较弱的阶段。此期幼苗子叶肥大、深绿、富有光泽，平展向阳。这样的子叶贮藏养分较多，光合作用强盛，不易早脱落，不仅能缩短幼苗由异养向自养转变过程的时间，使主茎1～3片真叶生长快，幼苗健壮，而且还能促进第一、第二花序的花芽提早分化，使植株现蕾开花期提前。而第一至第五片真叶生长得快而健壮，又能使第一、第二花序的花朵数量增多。因此，加强此期保苗管理措施，直接关系到增加早期产量。此阶段的主要保苗措施是：第一，及早彻底干净地清除杂草。分别于第一片真叶期和第二片真叶期撒覆1厘米厚的细湿土，围幼苗根茎处，保墒护苗。第二，严格预防病虫发生。此期要喷2次农药：第一次在第一片真叶期覆土护苗后，喷20%病毒A对水300倍液或1.5%植病灵孔剂对水1 000倍液，主要防止病毒病的发生；第二次喷药在第三片真叶期，喷70%代森锰锌或80%新万生可湿性粉剂400～500倍液，或25%甲霜灵可湿性粉剂800倍液，或64%杀毒矾可湿性粉剂400～500倍液，或90%乙磷铝500倍液，主要防治早疫病、晚疫病、灰霉病等苗期真菌病害。同时要十分注意防治蚜虫、白粉虱等虫害,防止虫害传播病毒病。为防止有翅蚜、白粉虱等害虫迁飞进入拱棚内,在苗床通风过程中,要切实做到盖严避虫网避虫。第三,确保水肥供应。幼苗 2～3 片真叶期,时值 5 月中旬,随着光照增强和气温升高,拱棚通风时间延长,苗床蒸发量加大,需每隔 8～10 天浇 1 次水,但应小水轻浇,最好采用洇浇。为满足幼苗对矿质元素养分的需求,要结合浇水追施速效化肥,每次每 667 平方米追施标准氮素化肥 6～8 千克和磷酸二氢钾 5 千克左右。第四,适当降低拱棚温度和扩大昼夜温差。通过通风使小拱棚内的苗床温度比出苗期降低,白天温度控制在 20℃～27℃,夜间在 10℃～15℃,昼夜温差为 10℃～12℃,以提高幼苗的净光合率,增加光合产物积累,保证幼苗生育健壮。

三是 4～6 片真叶期管理。此生育阶段为 5 月下旬至 6 月 5 日前后,处在自然昼夜温度已适于番茄苗期正常生长发育的时期。为防止徒长,促进健壮,在苗床管理上要采取以控为主,控促结合的如下措施:第一,逐渐延长通风时间,到 6 月初之后的起苗定植前 5～6 天里,折起拱棚四周的膜边,昼夜通风,使棚内的温度基本与外界相等。一般白天温度在 20℃～25℃,夜间温度在 10℃～13℃,空气相对湿度为 45%～50%。在此温湿度条件下,不利于早疫病等真菌病害的发生,而有利于番茄苗稳健生长。第二,此期要轻追 1 次肥,每 667 平方米追施尿素 5～7 千克,每隔 6～7 天轻浇 1 次水,每次浇水后要喷洒 60～100 毫克/千克助壮素,即 25%助壮素 10 毫升对清水 25～37 升,作叶面均匀喷洒,以进一步防止徒长,促进壮长。第三,为使起苗定植时不易破坨,减轻伤根和定植后缓苗快,在起苗前 5～6 天苗床停止浇水追肥,并昼夜加大通风炼苗。为防止起苗定植至缓苗期感染病毒病，在定植前1～2天喷一遍防治病毒病和防治蚜虫、白粉虱的混合药剂液，并拔净苗床的杂草。

7. 怎样育好日光温室秋冬茬番茄苗？

秋冬茬番茄前期处在高温、强光、多雨季节，后期转入温室生长，故前期抓好防病毒育苗是取得栽培成功的关键之一。做好防病毒育苗必须抓好以下12项工作：①严格进行种子病毒钝化。常用1%高锰酸钾浸种20分钟或10%磷酸三钠浸泡20分钟，药剂浸种前应在清水中预浸2～3小时。②搭遮阳棚防强光、暴雨诱发病毒。遮阳棚建造必须达到1.2米高，四周高度达到0.8米高，遮阳物可用新农膜上加遮阳网或农膜上搭稀疏碎草，不能用草帘等遮阳过重的遮阳物。③必须配合防虫网。遮阳棚四周加护窗纱防虫网，实践证明这样做对防止蚜虫、白粉虱的为害效果相当好。虽然防虫网增加了投资，但减少了防虫用药和用工。④床土要进行防虫处理，防蚂蚁和蚯蚓。⑤浇透播种床水。⑥小苗分苗防病毒。小苗在吐心后，第一片真叶长到0.5厘米时就可分苗。⑦分苗时强调随起苗随浇水随分苗，防止分苗时缺水对根系引起伤害而诱发病毒病。⑧分苗床也必须采用遮阳棚，防强光、雨水进入棚内诱发徒长。⑨必须采用营养钵护根育苗，并浇透摆放营养钵的床土水和浇透营养钵的钵土水。⑩幼苗期注意分期补水接墒，覆土保墒并促发不定根。⑪注意化控防徒长，并且化控后，可不控水，防高温干旱诱发病毒病。⑫注意育苗中后期防止遮阳过重形成弱苗。

8. 如何采用穴盘育苗法培育番茄壮苗?

穴盘育苗是采用草炭、蛭石等轻基质无土材料做育苗基质,机械化精量播种,一穴一粒,一次性成苗的现代化育苗技术。它突出的优点表现在省工、省力、节能、效率高;根坨不易散,缓苗快,成活率高;适合远距离运输和机械化移栽;有利于规范化科学管理,提高商品苗质量;可以进行优良品种的推广,减少假冒伪劣种子的泛滥危害。穴盘育苗是实现农业生产工厂化、产业化的必由之路。

(1)穴盘型号的选择 冬春季育2叶1心子苗选用288孔苗盘;育4～5叶苗选用128孔苗盘;育5～6叶苗选用72孔苗盘。夏季育3叶1心苗选用200孔或288孔苗盘。

(2)基质准备 每1000盘美国制作的288孔苗盘备用基质2.76立方米,韩国制作的288孔苗盘备用基质2.92立方米;美国制作的128孔苗盘备用基质3.65立方米,韩国制作的128孔苗盘备用基质4.57立方米;美国制作的72孔苗盘备用基质4.65立方米,韩国制作的72孔苗盘备用基质3.2立方米。

(3)基质配制 草炭和蛭石的比例为2∶1或草炭、蛭石和废菇料的比例为1∶1∶1,覆盖料一律用蛭石。

(4)肥料施用方法与施用量 冬春季配制基质时每立方米加入氮、磷、钾比例为15∶15∶15的三元复合肥2.5千克,或每立方米基质加入1.5千克尿素和1.2千克磷酸二氢钾,肥料与基质混拌均匀后备用。苗期3叶1心后,结合喷水进行1～2次叶面喷肥。

夏季配制基质,每立方米加入氮、磷、钾比例为15∶15∶15的三元复合肥2千克。

(5)播种期　冬春季穴盘育苗主要为早春保护地生产供苗，日光温室定植期从2月中旬开始直至3月下旬结束(塑料大棚)，故播种期从12月中旬至翌年1月中旬，视用户需要而定。夏季穴盘育苗是为秋大棚生产供苗，播种期在7月5～15日。

(6)播前种子处理　为促进出苗整齐健壮，选择种子发芽率大于90%以上的籽粒饱满、发芽整齐一致的种子。播前用温汤浸种法浸泡，夏季播前用40%磷酸三钠溶液浸种20分钟，然后用清水将种子上的药液冲洗干净，风干后播种或丸粒化后再播种。

(7)播种深度　72孔盘>1厘米，128孔、200孔和288孔盘为0.5～1厘米。以浇水后各格室清晰可见为宜。

(8)水分管理　将育苗盘喷透水，使基质持水量达到200%以上；苗期子叶展开至2叶1心，水分含量为持水量的65%～70%；3叶1心至商品苗销售，水分含量为60%～65%。

(9)温度管理　摆放催芽室中(白天温度为25℃，夜间为20℃)3～4天，当苗盘中60%左右种子种芽伸出，即可将苗盘摆放到育苗温室。白天温度25℃、夜间温度16℃～18℃为宜。当夜温偏低时，考虑用地热线加温或临时加温措施，以免影响出苗速率和出现猝倒病。2叶1心后夜温可降至13℃左右，但不要低于10℃。白天酌情通风，降低空气相对湿度。

(10)病虫害防治　①防治猝倒病、立枯病。播种前进行基质消毒，控制浇水，浇水后通风，降低空气湿度；子苗期夜温不得低于10℃，发病初期喷洒百菌清或多菌灵或代森锌800倍液。②防治早疫病。在播种前用福尔马林进行种子处理，发病初期喷施百菌清或代森锌或波尔多液或利得1000倍液。③防治病毒病。在夏季高温干旱的条件下，加上蚜虫的为害，易发生病毒病。防治方法是播种前用10%磷酸三钠浸种20分钟，取出冲洗干净。在苗期注意遮荫降温，保持土壤湿润。④防治蚜虫。主要喷施功夫乳油或好年冬或虫螨克或绿浪药液，还可用灭蚜乳油加上发烟剂进行熏烟，效果比直接喷药好。⑤防治白粉虱。可喷施扑虱灵1 500倍液、功夫乳油2 000倍液、绿浪1 200倍液或1%溴氰菊酯施放烟剂，还可进行黄板诱蚜。

(11)补苗和分苗 一次成苗的须在第一片真叶展开时，抓紧将缺苗孔补齐。用72孔育苗盘育番茄苗，大多先播在288孔苗盘内，当小苗长至1～2片真叶时再移至72孔苗盘内，这样可提高前期温室有效利用率，减少能耗。

(12)苗龄与商品苗标准 春季商品苗标准视穴盘孔穴大小而异：选用72孔苗盘育苗，株高18～20厘米，茎粗4.5毫米，叶面积为90～100平方厘米，达6～7片真叶并现小花蕾，需60～65天苗龄；选用128孔苗盘育苗，株高10～12厘米，茎粗2.5～3毫米，4～5片真叶，叶面积为25～30平方厘米，需苗龄50天。夏季苗龄需20天，株高13～15厘米，茎粗3毫米，叶面积为30～35平方厘米。

(13)商品苗销售 商品苗达到上述标准时，其根系将基质紧紧缠绕，当苗子从穴盘拔起时不会出现散坨现象。用户取苗时，可将秧苗层层排放在纸箱或筐里，如果取苗前浇透水，穴盘苗可远距离运输，其定植成活率可达100%。

9. 如何利用泥炭育苗营养块进行番茄育苗？

泥炭育苗营养块是近几年推广的育苗新方法，营养块的制作选用东北地区优质草本泥炭为主要原料，采用先进科学技术压制而成，适用于番茄等各种作物栽培育苗，集基质、营养、控病、调酸、容器于一体，在番茄育苗中广泛应用。

(1)泥炭育苗营养块的优点 主要表现在3个方面：①具有无菌、无毒、营养齐全、透气、保壮苗及改良土壤等多种功效。②使用方便。一人即可全程操作，无须筛土装钵，无须施肥喷药，且带基质定植，补苗少，整个苗期只需把握水分和温度。③既保壮苗，又可达到绿色、环保要求。幼苗健壮，茎粗叶肥，抗逆能力强，幼苗发育快；带基质定植、移栽成活率高；微量元素齐全、生产出的产品维生素C含量高、硝酸盐含量低；不污染环境，达到无公害标准。

(2)育苗方法 番茄育苗应选用具有圆形小孔、重量为40克的泥炭育苗营养块。提前将种子催芽露白，苗床底部平整压实后，铺一层聚乙烯薄膜，按间距1厘米把营养块摆放在苗床上。必须浇透水，用喷壶或喷头由上而下向营养块喷水，薄膜有积水后停喷，积水吸干后再喷，反复5～6次(约30分钟)直到营养块完全膨胀，完全膨胀标准是用牙签扎透基质无硬心。如浇不足水会严重影响幼苗的生长。营养块完全膨胀后，放置约4～5小时后开始播种，种子平放穴内，上覆1～1.5厘米厚的蛭石或用多菌灵杀过菌的细沙土，禁止使用重茬土覆盖。播后管理须保持营养块水分充足，定植前停水炼苗，定植时带基质移栽，定植后的管理和普通营养钵育苗管理基本一致。

(3)注意事项 喷水时不能用大水浸泡，但可以在薄膜上保持适量存水，喷水时间和次数根据棚温灵活掌握。吸水膨胀后的营养块比较松软，暂时不要移动或按压。如果培育长龄苗(60～90天)必须使营养块与床土相接触，不用铺薄膜。由于营养块营养面积较小，定植时间要比营养钵育苗适当提前，只要根系布满营养块，白尖嫩根稍外露，就要及时定植，防止根系老化。

10. 如何进行番茄分枝扦插育苗？扦插苗与实生苗的管理有何不同？

近年来，寿光市在日光温室内，根据番茄茎次生根发生能力强的特点，成功地利用番茄分枝进行了扦插育苗繁殖。

(1)扦插育苗繁殖的优点 一是可以节约种子投入。特别是选用价格昂贵的进口品种时，利用扦插育苗可以大大节约购种成本。二是可以缩短生长周期。番茄扦插枝条来自正在开花结果的成株，已经进行了良好的营养生长和花芽分化，进入到生殖生长阶段，与播种育苗相比，番茄扦插育苗栽培，生育进程明显缩短，果实可以提前40～45天上市销售。三是可以大幅度增加产量。番茄扦插育苗栽培，植株节间较短，花序增多，果实圆正，产量可比播种育苗栽培提高10%左右。

(2)具体操作技术 一是选取健壮侧枝。从已经开花结果的番茄成株的中下部选取无病、健壮、生长点完好、长约15厘米、具有4～5片叶子的侧枝。摘去枝条下部的叶片，然后，将枝条下端削成平滑的楔形，再用50毫克/千克萘乙酸溶液处理10分钟，清水冲净后即可作扦插之用。二是苗床选择。番茄分枝扦插育苗可一步成园，也可用塑料钵培育后移栽。苗床要求土壤肥沃、松软、排水畅通。于栽插前20天培肥床土，每667平方米施入人、畜粪肥7500千克，饼粕50千克，磷肥40千克，经过翻挖使肥土均匀，整平成畦。栽插前10天搭好棚架，盖好薄膜，使床地增温，为栽插做好准备。营养钵育苗，可用高11～12厘米、直径10厘米的塑料薄膜筒，将番茄分枝放入筒内，加满肥土（外留 2 张叶片），将钵排放在温床内，浇足水，盖好薄膜，夜间覆盖草帘保温。待扦插分枝长出 1～2 片新叶时，即可脱钵移栽到大棚内。三是棚内栽插。用番茄分枝栽插的苗，因其营养生长和生殖生长同步，结果早，营养体不及种子苗旺盛，故栽插密度应比种子苗提高 10%左右。栽插时，随取分枝随栽插。按照定植要求，先开 7～10 厘米深小沟，将分枝苗栽于沟内，土面上留 1 叶 1 心，其余茎秆插入土中，并将茎上的其他叶片尽量拉出土面，以利于增加光合面积，促进生长。定植后，沿沟浇透 3%尿素溶液，促进根系生长。四是栽后管理。①抓好发根期管理。2 月中旬栽插的，要在塑料大棚内加地膜和小拱棚保温，使棚内夜间温度控制在 6℃以上，白天在 25℃左右。在适宜的温度范围内，栽后 10 天左右一般不通风，保温保湿，使幼苗及早生根活棵。待幼苗长出新叶后，即可进入正常管理阶段。②抓好活棵后管理。根据棚土湿润情况，每 7 天左右沿沟浇 5%尿素溶液 1 次。随着新株的长高，要逐步填平移栽沟，并培土护根。气温上升后，将棚内覆盖的两层地膜撤掉用于平铺地面，增温保湿。新株成活生长后，摘掉第一花序，从第二花序留果。当株高达 25 厘米左右时，下部开始长出分枝；待分枝长出 3 个叶片时，进行整枝，根据栽培要求，可留主秆，也可留双秆挂果。开花结果期的管理与大棚常规管理相同。

(3) 扦插苗与实生苗管理上的不同点　番茄扦插苗在扦插枝生根后至定植一段时间可按常规育苗方法进行管理，但在扦插枝生根成活前阶段对温度、湿度和光照的要求较实生苗严格，主要表现在以下 3 点：①扦插苗生根期的温度管理要求较高。其适宜的温度是 25℃～30℃，在此温度下，枝条容易生根，叶片也能保持正常不萎蔫。温度过高，枝条失水较多，容易发生萎蔫，会出现上部叶片已萎蔫，而地下部却已生根的现象；苗床温度长时间过低，枝条生根较慢，不利于形成壮苗，同时枝条的扦插部分也容易发生腐烂，一般育苗床的最低温度不低于15℃。②扦插苗成活前，应保持苗床内较高的土壤湿度和空气湿度。低温期扦插育苗，一般不需要浇水，而高温期育苗，由于通风量比较大的原因，苗床内失水较快，对苗床要勤浇水。③番茄扦插至生根成活阶段要求弱光照条件，光照过强，容易导致叶片和生长点萎蔫干枯。在管理上，一般晴天中午前后要用遮阳网等对苗床进行遮光。此外，扦插苗生根成活后，由于扦插苗的叶片比较大，苗床内容易发生拥挤，导致通风不良，因此可减少浇水，并加强通风，保持苗床较低的湿度，以减少发病。扦插苗要抹掉基部的花蕾，以促进根系的发育。

11. 如何进行番茄水插育苗？

番茄水插育苗一般从插条长成7～8片叶的大苗只需18～20天，培育667平方米番茄大田所需秧苗（约3 000株）仅需育苗面积4平方米，比常规育苗移栽所需苗床面积少10倍，另外还能加快良种繁育速度，促进良种的推广普及。其具体做法如下。

（1）插条的选择和整理 从生长健壮并具有品种特性的植株上选择侧枝，切成8～10厘米小段、切口要平整光滑，并将下部3～4厘米内的叶片剪去，集中放入室内，待切口自然干燥愈合后即可用作水插插条。将番茄插条插入生根液中，待其发根后，再用营养液培养，便可育成健壮秧苗。

（2）生根液的配制 将1克吲哚乙酸粉剂放入小杯中，加入少量酒精，待其溶解后倒入盛有5升清水的容器中，即为

200 毫克/千克吲哚乙酸原液。水插番茄插条时，量取 10 毫升原液并倒入盛有 10 升清水的容器内搅匀，即成为水插用的生根液。

(3)营养液的配制 取硝酸钾 10.2 克，硝酸钙 4.9 克，磷酸二氢钾 2.3 克，硫酸镁 4.9 克，分别用少量水溶解，然后依次倒入盛有 10 升清水的容器内搅匀，即制成水插育苗所需的营养液。配制时注意硫酸镁液要最后倒入容器内，以免发生沉淀。

(4)水插容器的准备 水插容器可用容积为 500 毫升的广口瓶，瓶底填放直径为 1～2 厘米的碎石块，用以固定插条，每瓶插 10～12 条番茄侧枝。水插容器均需清洗干净，并用沸水消毒。

(5)水插育苗的管理 番茄水插育苗场地可根据各地的条件，采用日光温室、塑料大棚或小拱棚。插条插入广口瓶后，将广口瓶排放在育苗床上，室内温度白天保持在22℃～28℃，夜间保持在 15℃～20℃。每隔 1～2 天加水 1 次，补充容器中蒸发的水分。由于育苗室内温度高、湿度大，容易引起插条发病，应每隔 2～3 天喷洒代森锌 500 倍液 1 次，以防止早疫病的发生。一般插条培养 5～7 天即可发根，可将容器中的生根液倒去并换入营养液供给充足养分。发根后的插条在营养液中培养 2 周后即长成根系发达、可供定植的健壮番茄苗。

12. 番茄嫁接育苗有什么好处？有哪些关键技术？

番茄嫁接育苗技术可有效地预防因土壤、气候和耕作（重茬）等原因而导致的根结线虫病、青枯病、疫霉根腐病等土传病害，同时又能很好地解决根结线虫等对番茄造成的为害，使作物增产 30%以上。这是一项值得推广应用的生产新技术。其关键技术要点如下。

(1)**选择优良砧木** 寿光市古城街农技站试验后得出结论，番茄嫁接所用砧木综合性状表现良好的有托鲁巴姆和托托斯加两个品种。

(2)**种子处理** 托鲁巴姆和托托斯加种子较小，种子成熟后具有极强的休眠性，发芽困难。可以用 100～200 毫克/千克赤霉素溶液，在 20℃～30℃条件下浸泡 24 小时左右即可打破休眠。注意赤霉素的使用浓度不宜过高，否则容易造成出芽后徒长；如果温度过低会影响处理结果。浸泡后用清水冲洗净即可催芽。可采用变温催芽，在 15℃～20℃条件下催芽 16 小时，在 30℃左右条件下催芽 8 小时，经 8～10 天即可基本出齐芽。

(3)**播种时间** 嫁接番茄育苗时间要比正常育苗时间提早 20～25 天。注意砧木的播种期比接穗播种期应提早 25 天左右。

(4)**嫁接方法** 选用劈接法，当砧木具 6～7 片真叶时，接穗具 4～5 片真叶、茎粗达到 5 毫米时即可嫁接，嫁接后用圆口夹固定。另外，嫁接苗定植后不宜蹲苗。嫁接过程中一定要做到切面卫生，以防感染病菌而降低成活率。

苗子接好后摆放在塑料棚中，浇足水(注意水不要溅到伤口处)，温度控制在 25℃～28℃，光强时应适当遮光，5～6 天伤口愈合后按常规管理。

13. 番茄接穗多芽嫁接育苗有哪些方法?

寿光市农业高科技示范园科技人员在番茄嫁接防治根结线虫、青枯病高产栽培技术的研究与推广过程中，总结出接穗多芽嫁接方法，既可防治根结线虫、青枯病，又可降低用种成本 1/3 至 1/2，进一步拓宽了番茄嫁接技术的应用范围。具体做法有以下三种。

一是在接穗和砧木苗生长至 5～6 片完全真叶时，砧木留基部 2 片真叶去顶，接穗留顶部 2 叶 1 心切取，进行劈接。先拔除接穗苗床内的杂草、病苗，并施肥 1～2 次，促进腋芽生长。在一般条件下，10～15 天后腋芽达到接穗标准，再切取嫁接，将腋芽培育成结果主秆。采取该方法，砧木要分两批播种，接穗可利用主芽和腋芽 1～2 个，即嫁接育成 2～3 株生产用苗。

二是砧木与接穗同时或砧木比接穗提前 1～3 天播种，当砧木具 6 叶 1 心时，用上述劈接法完成接穗顶芽嫁接，再切取砧木上部 1～2 段带有 1 片完好叶片约 5 厘米长的嫩茎进行嫁接，使潜伏腋芽在嫁接后萌生并成长为结果主秆。

三是番茄植株腋芽较多且都可形成结果枝，可利用高位腋芽(番茄结果后植株滋生的腋芽)做接穗进行嫁接育苗。

14. 早春及越夏番茄育苗容易出现哪些问题？如何解决？

早春番茄育苗常出现播后不出芽或出芽不齐。番茄较耐寒，一般经浸种催芽后都能出苗。但有时播后温度较低，苗畦内较冷，种子可能暂时不出芽，待天气好转后仍能发芽。不发芽现象主要是长期低温，或播种时苗畦过干，没浇透水，喷水不足，水分被下部干土吸掉，形成“搁干”现象。一般播后 7～8 天不发芽就应查找原因，进行及时补救。

越夏番茄育苗处在 5～7 月份的高温季节，不利于植株的生长，而高温、干旱以及蚜虫的为害，又是病毒病及其他病害发生的重要条件，同时还伴有大风、暴雨的突然袭击，育苗过程较其他茬口番茄困难，稍一疏忽就会出现问题，所以应熟练掌握高温季节的育苗技术。

(1)播种中易出现的问题及解决办法

一是土面板结。土面板结往往由两方面原因引起：一是床土土质不好；另一方面是底水不足，腐殖质含量少，结构不疏松，很易发生板结现象。因此，在配制床土时，要用腐殖质含量多的堆肥、厩肥拌入床土中，播种后的覆土除了注意使用适宜的床土外，还需加入适量的细炉渣等，以防土面板结。一般营养土配制办法：每个苗床填入干净无病的园田土，按40%～50%的比例掺入腐熟的堆肥或厩肥，1 立方米床土再混入过磷酸钙 1 千克，草木灰 5～10 千克。此外，浇足底水也是防止土面板结的措施之一。播种前若底水充足，播种后至出苗前就不需要浇水。若底水太少，播种后床面干燥，浇水不当，易引起床面板结。如床土太干非浇不可时，可用水壶洒浇些水，切忌出苗前大水漫灌。

二是出苗不整齐。一种情况是出苗的时间不一致，早出的大苗和迟出的苗相差几天。对已出土的秧苗必须及时揭去覆盖物，增加光照，降低苗床温度和湿度，防止徒长。对未出土的秧苗，还需保持较高的温度和湿度，以促进出苗。这样在苗床管理上就会出现顾此失彼，而且以后在同一苗床内，秧苗大小不一致，温、湿度管理非常困难。另一种情况是整个苗床内秧苗的分布不均匀，有的地方出苗过多，造成拥挤，有的地方出苗很少，造成苗床浪费。出苗时间不一致的原因主要是种子成熟度不一致，一部分不饱满的种子发芽势低，出苗缓慢或者由于新陈种子混合，新种子发芽势强，出苗快，陈种子生命力弱，发芽迟缓，或者由于种子催芽时温、湿度和空气不均匀，每粒种子的发芽程度不一致。此外，覆土的多少也是出苗时间不一致的主要原因。造成同一苗床中出苗疏密不匀的原因，一是苗床不平，床内各点湿度不一致；二是播种技术不过关，种子播得不匀；三是床内环境条件不一致，一般苗床的中部温度较高，出苗早，成活率高；相反，苗床的周边位置出苗较迟。解决出苗不整齐的问题，可以根据上述几个原因，采用发芽率高、发芽势强的种子，床土要整平，播种要均匀，覆土、覆盖的措施要尽量一致。

三是幼苗顶壳出土。发生幼苗顶壳主要有两个原因：一是种子贮藏过久，种壳过硬；二是种子成熟度不够，生命力低，幼苗出土时，无力脱壳。播种时底水不足或覆土太薄，种子尚未出苗，表土已变干，使种皮干燥发硬，往往不能顺利脱落；播种时，覆土太薄，或覆土太轻，压力太小，也会使幼苗戴帽出土。防止戴帽苗出现的措施是：选用当年的新种子或存放1～2年的陈种，覆土不宜太轻太薄，若发现戴帽苗应及时覆一层细土。

(2)出现闪苗、风溜苗和烧苗的原因及解决办法 越夏番茄育苗过程处在5～7月份，温度高，光照强，特别是晴天中午棚内温室常超过35℃，有时达40℃以上。棚温超过40℃就易烧苗。预防办法：适时加大通风量或采用遮阳网降温，一旦烧苗发生后，可结合浇水迅速降温，增加苗床土壤湿度，阻止烧苗继续发生。另外，随着苗龄增大和气温逐渐升高，应逐渐加大通风量，注意避免过猛揭除塑料棚，而发生“闪苗”和“风溜苗”。

(3)秧苗发生徒长的原因及解决办法 参阅第16问。

15. 番茄育苗苗床出现小苗黄化、僵化的原因是什么？怎样预防？

番茄苗子从子叶就开始黄化，然后扩至全株叶子，导致生长停滞。严重时叶片枯黄脱落，顶叶变窄卷曲，近根基部长出不定根，地下根腐败变褐，无新根发生。造成黄化僵苗的主要原因是：苗床湿度过大，根系缺氧，根和叶间的平衡被破坏，呼吸及代谢失常，地上部分有激素大量积累，因而出现不定根。其预防措施：苗床不要积水，苗期浇水要适量。

16. 怎样避免出现番茄"高脚子叶苗"？

引起番茄苗徒长而形成"高脚子叶苗"的主要原因是土壤湿度过高、光照不足以及温度过高。因此，避免番茄产生"高脚子叶苗"，应采取以下3项措施进行预防：①根据育苗季节确定苗畦的浇水量，避免浇水后苗畦内长时间保持较高的土壤湿度。一般低温期苗畦的温度偏低，失水较慢，应少浇水；高温期苗畦失水比较快，畦土易变干，可适当多浇水。②保持苗床内充足的光照。充足的光照能够抑制幼苗的旺长，在保证苗床内温度需要的前提下，应尽量延长苗床的光照时间，特别是延长苗床内自然光照的时间，必要时还可以进行人工补光。③适当降低苗床的温度。当苗床内约有半数的幼苗出土后，要把苗床白天的温度降低到25℃左右，夜间的温度不要超过15℃。

二、番茄栽培管理

17. 日光温室番茄栽培有哪些新方法？如何选择番茄栽培法？

目前日光温室番茄栽培的新方法主要有番茄倒“U”字形栽培法、番茄化控栽培法、番茄控制气体栽培法、番茄连续摘心栽培法等。

(1)**番茄倒“U”字形栽培法**　在主干的第五穗果由青转白时，把主干从中部打弯，将主干的头弯向地面，使植株的茎干呈倒“U”字形生长，该栽培法的番茄果实，不论是主干上部的还是中下部的，都能够正常地发育，长成优质的商品果，避免了传统栽培法中的主干中下部的果实大而优，上部的果实小而劣的弊病。该栽培法较适合于保护地番茄高产栽培。

(2)**番茄化控栽培法**　利用番茄生产上推广的番茄生长促进剂或抑制剂来调节番茄的生长和生产，使番茄生长按栽培者的要求进行的栽培法。番茄生产上推广的生长调节剂主要有促进茎叶和果实生长的赤霉素、促进坐果的有 2,4-D 和防落素、抑制生长的多效唑和矮壮素、促进果实成熟的乙烯利等。

番茄化控栽培法主要应用于栽培环境不适合番茄正常生长和结果季节的番茄栽培，较普遍应用于保护地番茄栽培和夏、秋季露地番茄栽培。

(3)**番茄控制气体栽培法**　是利用物理或化学的措施，来控制番茄栽培环境中的气体成分，使气体条件有利于番茄生产的栽培法。该栽培法主要适用于易于控制栽培环境的温室和塑料大棚番茄栽培。目前，生产上推广的主要是控制二氧化碳气体浓度栽培法，该栽培法是通过人为措施，来弥补自然空气中二氧化碳含量不足，达到增产增收的目的。

(4)**番茄连续摘心栽培法** 该方法属于控制单枝结果数栽培法，也叫连续换头栽培法。其具体做法是：当主干上的第二个花穗坐果后，将主干打顶，选第一果穗下的第一个侧枝代替主干，进行第一次换头；待其上的第二花穗坐果后，再将其头打掉，并选其第一果穗下的第一侧枝代替主干，进行第二次换头，按此不断重复，直到生产结束，该栽培法的植株结果位置较低，单枝上的结果数也较少，适合于番茄中晚熟品种密集栽培，主要应用于温室和大棚番茄栽培。

选择番茄栽培法要从以下几个方面进行综合考虑。

一是番茄品种。一般来讲，番茄化控栽培法、控制湿度栽培法以及控制气体栽培法适用于所有的番茄品种；番茄倒"U"字形栽培法、番茄再生栽培法、番茄连续摘心栽培法只适合于番茄中晚熟品种栽培；早熟品种因栽培期较短、植株低矮以及结果期短等原因，只能采取常规整枝栽培法。

二是栽培方式。保护地番茄栽培应选用增产效果较好的控制气体栽培法、防病效果较好的控制湿度栽培法以及有利于结果和果实膨大的化控栽培法。

三是生产管理水平。番茄新法整枝栽培法以及控制湿度和气体栽培法、化控栽培法等技术性比较强，并且各有其相应的技术特点，应根据当地的管理水平来选择。

18. 日光温室番茄摘心整枝有哪些好处？其配套技术有哪些？

在日光温室番茄栽培中，为促进早熟、高产，常采用单干整枝的方法，对早熟品种，只保留番茄主轴，把叶腹内侧枝全部摘除。中晚熟品种，由于生长势强，通常采用连续单干延伸整枝和连续摘心整枝的方法。此外，还有双根双蔓整枝和弓形整枝的方法。

(1)**连续单干延伸整枝** 把第一花穗下第一侧枝及以下所有侧枝全部摘除，留植株在封顶的最上位侧枝代替主干继续向上延伸。当此侧枝又出现封顶时，在此侧枝上选最上位侧芽代替侧枝继续向上延伸，如此反复达到要求高度或留够所要求的花穗数。

(2)**连续摘心整枝** 采用单干整枝，当番茄长出 3～4 个花穗时，在其上面留 2 片叶摘心，作为第一个基本枝。保留植株最上部两片叶腋内的侧枝进行连续摘心，即当两叶腋内腋芽萌发后各留 1 片叶摘心，当侧枝的腋芽萌发时，再各留 1 片叶摘心，如此反复进行。当第一果穗采收后，在最上部的两个侧枝中选一健壮侧枝不再进行摘心；而另一侧枝留 1 片叶，其余叶片剪除。放开生长的侧枝当长出 3～4 个花序时，在最上部花穗上方留 2 片叶进行摘心，作为第二基本枝。然后按同样方法培养第三基本枝、第四基本枝。这种整枝方法一般可结 12～16 穗果。

(3)**双根双蔓整枝法** 参阅第 19 问。

(4)**弓形整枝法** 参阅第 20 问。

整枝注意事项：①番茄地上部和根系有着相互促进的关系，过早整枝会影响根系生长。因此打杈不可过早，第一花穗下部的腋芽应在长至 3 厘米长时进行。②采用单干连续整枝时，首先要保证肥水充足，必须注意上部侧枝的选留和培养，防止造成下部的都打去了，而上部侧枝培养不出。③打杈时，要求不留桩，不能打掉主轴上过多的皮，要尽可能减少伤口面，一般不用剪刀等工具，因剪刀容易传染病毒。④整枝、打杈应在晴天10时至15时进行，这时温度高，伤口易愈合。⑤采用连续摘心整枝时，应及早进行，这样伤口小，易愈合。⑥日光温室越冬茬、冬春茬栽培常采用普通单干整枝，即早熟品种高度密植（每667平方米栽7 000～8 000株），每株留1穗果；中晚熟品种每667平方米栽2 500株左右，每株留4～6穗果，每穗结果2～3个。⑦日光温室秋冬茬、春茬栽培中，常采用连续单干整枝和连续摘心整枝法。在运用这两种整枝法时，一定要重视疏花疏果。一般单株留果5～10穗，每穗留2～3个果。⑧在整枝时，对有病毒症状的植株应单独进行，避免人为传播疾病。

19. 什么是番茄双根双蔓整枝法？

番茄双根双蔓整枝法适用于无限生长型品种。其做法如下。

(1)育壮苗定植，确保主枝根深叶茂 在第一穗花序下的侧枝选一枝健壮的留下，其他的全部抹去，留下的这一侧枝待生长到50厘米以上，就可深埋生根。其具体做法是：揭起地膜，在株距40厘米的两株番茄中间平行地挖两条20厘米长、10厘米宽、深3厘米的倒立抛物线形的沟槽。将两株番茄侧枝（50厘米长度）轻轻地压入沟底，侧枝顶尖各自朝向对面另一株支架（吊绳）下，然后浇水，待水下渗后覆土，轻轻用手拍平，盖地膜。新根半个月左右生成。

(2)“双根双蔓”的管理 支杆（吊绳）上的原有老枝仍然按单干整枝方法进行。第一穗果成熟后摘果，打去第一穗果以下的老叶及新长出的枝条；新生枝长到需要绑架的时候，应及时绑在原生长支架上。新生枝仍然按单干整枝方法进行。

老枝的叶，原则上不繁密、不挡光、不影响通风、不摘叶，待有5穗果时摘心，果实全部成熟后，及时将全部的叶摘去。并在长出新生枝的老枝上端大约15厘米处剪断，老枝仍留在架上（用吊绳的可将支杆剪成小段取走）。这时的新生枝已转客为主，5穗果时摘心。如果采用深施堆肥的方法，采用新的番茄整枝，留多少穗果视土壤肥力及番茄长势确定。同时，应加强田间管理，必须给新根、老根追施肥，叶面喷肥要跟上。

双根双蔓栽培一般生长、采收期长达1年左右。番茄销售的淡季、旺季全能赶上，省工、增产幅度大。

20. 什么是番茄弓形整枝法？

(1)弓形整枝技术　①先在栽培番茄的温室中南北向按番茄植株逐行拉1道细铁丝，高度以中后部距地面2米为宜，然后按常规方法在每株番茄植株旁插1根竹竿，其上端用细绳固定在铁丝上，或以尼龙绳一端系在上部铁丝上，另一端绑在番茄植株茎基部。随着番茄植株不断生长，每隔25～30厘米（约每开一穗花时）用塑料绳绑一道。绑时番茄茎秆与竹竿间以呈“8”字形为宜。若用吊绳，可按顺时针方向缠绕植株茎秆。②植株以单干结果为主，其余侧芽应及早抹去。当植株长至1.3～1.5米高，此时第三穗花开放或正在用激素处理花（因品种、熟性、管理不同而时间上略有差异）期间，利用番茄茎部半木质化柔韧性较强的特点，于浇水追肥之前的晴天下午，番茄茎较柔软易弯曲而不易断时进行弓形整枝。③在插竹竿或绑吊绳田间按南北行先将从北面数起第二株上面的绑绳解开，若为吊绳可反势旋开至番茄植株第三穗果部位，以第三、第四穗之间的茎部为弯曲点，缓缓牵引到北面相邻的一株（最北面一株）的竿上，由南向北呈约45°角绑在北面相邻竿上或吊绳上。再将从北面数起第三株依照同样方法引过来绑在中间一竿上(从北面数第二株的竿上),其余南面植株依此类推,注意操作时相邻两株间北面株的弯曲点与相邻南面株的生长点在同一竿或吊绳上,高度应间隔 15～20 厘米,以免距离过近发生拥挤或遮光现象。最北端一株在其北端插一竹竿或从后坡内侧吊一塑料绳按上述方法操作。④待番茄植株在新牵引的竿或吊绳上再长出 25～30 厘米高时(此时又开一穗花),在其上方再绑一道。此后当植株再长出约 30 厘米高时,将主茎按上述方法引回相邻南面原竹竿或吊绳上仍呈相应角度进行绑捆,此后以此类推,直至打顶前约 1 个月停止。

(2)弓形整枝技术的优势 弓形整枝技术既保持了传统单干整枝的优势,又避免了部分品种因长势较旺、穗间较长、长出不多的几穗花便至棚顶的缺点。尤其是近年来如 R-144、加西亚、FA-870、中杂 9 号等一些生长势和抗逆性较强且穗间距较长的国内外优新品种的引种和大面积推广,使得常规单干整枝的弊端更为显著。同时,弓形整枝比常规单干竖直整枝法相比,具有以下优点:第一,根系数量明显多于后者;根系群体分布范围也显著大于后者。第二,弓形整枝技术继承了连续摘心换头法充分利用棚室内立体空间的优点,弥补了其果实采收期易出现采果断层,即采收盛期出现中断的不足。第三,弓形整枝技术利用“S”字形整枝技术并在其基础上加以创新,由在相邻竹竿上绑一道改为绑两道,从而避免了植株结果后期因果实膨大重量增加产生下坠进而折断主茎的现象。第四,弓形整枝技术由于采用“弓”字形弯曲方法,使在生长盛期的番茄植株对肥料的过量吸收略微受抑,从而减少部分助壮素等激素的喷洒次数,降低了一定投资费用。据统计,平均每 667 平方米温室番茄减少激素投入资金 15～20

元。另外也降低了因喷药次数增加而产生的负面影响。第五，在采用弓形整枝时因首先向北弯曲，使番茄植株第三、第四、第五穗花果得以直接接受阳光照射，而明显降低了温室中番茄灰霉病等顽固性病害在花果尤其是在果实上的发病率。据统计，平均每667平方米每茬温室番茄果实灰霉病发病率降低25％～45％，而且由于接受较多阳光照射，使得果实含糖量及色素增加，果实鲜艳亮泽，很受消费者欢迎。后期虽然采用了弓形整枝技术再向南部倾斜，但因生长点垂直距地面位置较高，距棚膜较近，光照明显增强，果实含糖量、色泽仍较理想，病害极少。第六，在温室同等栽培高度(当前我国温室栽培番茄生长架高度多为2米左右)条件下采用弓形整枝技术可增加4～5穗果，产量增加30％～45％。

(3)**弓形整枝技术的推广应用**　由于弓形整枝法具有控旺(徒长)、降低植株高度、增加花穗数、减少发病概率，节省激素和农药等植保费用且果实光泽度佳、易操作等优点，因而在寿光及周边地区迅速推广，适用于目前我国推广种植的多数长势较强、穗间距较长的国内外新优品种，发展应用前景极为广阔。

21. 延长番茄结果的方法有哪些?

第一代番茄收获后，可采用以下4种方法使番茄再次开花结果，提高经济效益。

(1)**压秧法**　在第一代番茄成熟收获后，剪除枯枝黄叶，保留具有旺盛新生能力的新枝，并在主干一侧挖1条长20厘米、深15厘米左右的施肥沟，施肥后将主干埋入沟中，然后浇水，使压蔓处很快生根。如此新根老根共同吸收水肥，株型迅速长大，可再次开花结果。

(2)**剪株法** 第一代番茄收获后，剪除死掉的老枝叶，再扒开根部施肥浇水，促发新枝迅速生长，重新开花结果。

(3)**移栽法** 番茄根部易长次生根，在接近地面处能产生较多的分蘖苗，这些分蘖枝移栽后生长结果快，一般 7～10 天就可结果。如果地面干燥，可在主干周围培土浇水，促使次生分蘖发生。当分蘖枝苗根部有少量白点时，就可移栽成活，并能迅速开花结果。

(4)**连续地埋法** 将主茎三穗果采收后，整理植株，去掉黄叶、病叶和残叶，选留健壮无病枝蔓，把枝蔓连续埋入 15～20 厘米的土坑中，每条枝蔓可埋 2～3 段，呈波浪状。待枝蔓上长出嫩芽后，分别切断成株。当其长到 30～40 厘米高时，即可移栽成株。

22. 如何提高日光温室番茄坐果率？

(1)**使用 2,4-D** 2,4-D 是一种植物生长调节剂，低毒，对人、畜无害。其常用浓度 10～15 毫克/千克，使用方法有 3 种：①喷花。把药液装在 1 个小喷壶内，用喷壶对准基本开花的花序(已开放 3～4 朵)，用另一只手遮住番茄的枝叶，以免药液喷到枝叶上引起药害。②涂抹法。在 8～10 时用毛笔蘸药涂到番茄的花柄或花柱上，效果良好。③浸蘸法。把基本开放的花序(已开放 3～4 朵)放入盛有药液的碗中，浸没花柄后，立即取出，并将留在花上的多余药液用碗边刮掉，以防止畸形果的产生。注意不管使用哪种处理方法，每朵花只处理 1 次，如重复处理会形成畸形果。

(2)**振动授粉** 在保护地内，利用手持振动器(带电池)在晴天上午对已经开放的花朵进行振动，促进花粉散出落到柱头上进行授粉。

（3）**雄蜂授粉**　保护地番茄比较适宜使用“明亮雄蜂”。该雄蜂在阴天、无光照以及气温较低的条件下也可以出来访花。番茄花期长，每 667 平方米保护地番茄放 2 箱雄蜂。在选择好蜂种后，首先检查棚室内通风口处的纱网是否平整，在接口处不要有褶皱，避免雄蜂钻入致死。准备工作就绪后，接着释放蜂群。番茄开花初期，将蜂群在傍晚时分轻轻移入棚室中央或适当的位置，蜂箱高于地面 20～40 厘米，蜂箱门向东南方向，易于接收阳光，静止 10 分钟后，再把箱门打开。放蜂授粉期间，不要施农药。放蜂时避免强烈振动或敲击蜂箱，不要穿蓝色衣服及使用香水等化妆品，以免吸引雄蜂。

23. 怎样从植株形态判断保护地番茄栽培环境是否适宜？

在栽培环境条件适宜的情况下，无限型番茄品种植株开花的位置距顶端 20 厘米左右，正在开花的花序上部还有现蕾的花序。从顶部向下看，全株呈两等边三角形，叶身大，叶脉清晰，叶片先端较尖；花梗粗，花色鲜黄，花梗节突起。

茎粗，节间长，开花花序位置低，是多肥、多水、日照不足、温度高等条件造成的徒长株，容易出现畸形果、空洞果。轻微的徒长也容易造成果实生长慢和果小。

植株顶端弯曲，下部叶片也弯曲，全株呈不等边三角形，小叶中肋突出，呈覆船状，叶柄长，果实容易形成筋腐病；开花节位上移，距顶端近，茎细，植株顶端呈水平形，表现顶端黄化、坏死，是缺硼、缺钙引起的。

有时番茄植株出现异常茎，节间极短，严重发生对生叶，茎较粗，其髓部的部分组织坏死、褐变，经 7～14 天，茎上出现纵沟，严重时中空并出现孔洞，可看透对侧。这种植株在异常茎部出现的花序小，花梗与茎比较相对较细，坐果不良。产生异常茎是由于氮肥过多及高温、土壤水分过大、对硼的吸收不协调引起的。当高温、干燥、多肥、多钾、多氮及土壤偏酸、偏碱时，番茄植株对硼的吸收不利。生长点表现缺硼以后，生长点中的生长素不能被氧化，因而生长素浓度过高，加速细胞分裂，使茎呈“8”字形断面，含硼量最少的部分发生木栓化，变成褐色。遇到发生异常茎，可用0.3%～0.5%硼酸水溶液进行叶面喷布，并用侧枝代替主茎。

有时茎顶部萎蔫，多是由于激素浓度过高对幼叶和生长点造成危害；或蘸花时不注意，把激素喷到幼叶和生长点上而造成萎蔫。要注意将这种症状与病毒病区分开来，这种情况过一段时间会恢复正常。

24. 冬季保护地番茄栽培会遇到哪些不利天气？应采取什么应急措施？

常见的有降雪、连阴、大风、久阴乍晴等天气，对保护地番茄生长、产量及效益有较大的影响。

(1)对降雪天气的应急措施　把草帘卷起，雪停后立即清扫棚膜上积雪，温室中坡较难清扫的部位，用光滑的木棍轻轻往下刮，尽量不划破棚膜。夜间降雪，更要注意及时清除草帘上的积雪，应提前用塑料膜把草帘包好，防止草帘吸水，造成棚体负担过重使拱架扭曲，甚至倒塌。

(2)对连阴天的应急措施　对连阴天要分别不同情况采取不同措施，只要温度不是很低，就要揭开草帘，若有短时间露出太阳，棚室内温度就会升高。在温室后墙上张挂反光幕，阴天时也会起到增光和提温的作用。冬季阴天较多时应提早覆盖地膜，以提高地温，减少低温冻害的发生。

(3)对大风天气的防御　当棚膜有鼓起现象时，要立即拴紧压膜线或放下部分草帘压在温室前屋面的中部。夜间遇到大风时，最好在温室前底脚横盖一层草帘，再用石块压牢。

(4)对久阴乍晴后的管理 长时间阴、雾天气一旦放晴，番茄蒸腾作用加强，根部吸收跟不上，晴天后会大量死苗。此时，要做好以下三项工作：①注意遮盖草帘，防止闪苗。转晴后气温回升快，秧苗会急剧萎蔫，从上午10时左右应注意秧苗变化，采取适度遮盖草帘、向棚内喷清水(或叶面肥)等措施。②尽量缓浇水，必须使根系恢复活力后再浇水，否则易造成沤根死苗。如需浇水追肥，应浇小水，随水施入速溶性肥料，浓度要小。③用促生根药剂灌根，叶面喷施多元素微肥，弥补根系吸收的不足。

25. 冬季日光温室番茄栽培增温保温措施是什么？

要始终保持温室内温度在12℃以上，以保根、保秧、保存活为主。保温增温的措施有如下六项：①要求草苫有一定厚度，特别是致密性要好。②用透光、保温性能好的聚氯乙烯农膜，并经常清扫农膜。③有条件的，应在后墙和两山墙加挂反光幕。④增加草苫外的防雨保温塑膜，即浮膜覆盖保温。浮膜覆盖是日光温室深冬生产番茄时，傍晚放草帘后在草帘上面盖上一层薄膜，一般用聚乙烯薄膜，幅宽相当于草帘的长度，浮膜的长度相当于温室的长度，厚度为0.07～0.1微米，周围用装有少量土的编织袋压紧。⑤设置保温幕，即在温室顶部、后墙、棚前处各设置一层薄膜，膜与膜的衔接处用夹子夹牢，形成室中的二次覆盖。冬季晴天时棚顶的二次膜拉开，晚上和连续阴雪天可封闭二次膜保温。⑥必要时采取人工加温措施，当棚温降至6℃、10厘米地温降至10℃以下时，要采取人工加温。可燃烧无烟的玉米芯或木炭、焦炭加温。

26. 日光温室冬春季栽培番茄有哪些除湿措施?

冬春季节棚室环境密闭,再加上番茄需求水分的量较大,如果棚室内空气湿度过大,会导致发生灰霉病、菌核病、晚疫病等高湿条件下易发生的病害,严重影响番茄产量。因此,农民朋友在进行农事操作时,可采取以下措施,调整棚室内的相对湿度。

(1)**通风换气** 将湿气排除,换入外界干燥的空气,这是最简单的降湿方法,但要处理好保温与降湿的关系。

(2)**选用优质无滴膜** 无滴膜可以克服膜内附着大量水滴的弊端,明显降低湿度,且透光性能好,有利于增温降湿。

(3)**地膜覆盖** 地膜覆盖可以大大降低地面水分蒸发,减少灌水次数,从而降低空气相对湿度。

(4)**采用滴灌或渗灌** 滴灌、渗灌除了具有省水、省工、省药、省肥、防止土壤板结和使地温下降的优点外,更重要的是可以有效地降低因浇水而造成的空气相对湿度的加大。

(5)**膜下滴灌** 膜下滴灌综合了地膜覆盖和滴灌的共同优点,是降低棚内湿度的有效措施。其方法是地面起高垄,然后在高垄中央放上滴灌管,再覆盖地膜。

(6)**粉尘法及烟雾法用药** 棚室内必须施药时,若采用常规的喷雾法用药,必然会加大棚内湿度,这对于防治病害不利。

(7)**高温降湿** 早晨揭苫后,一般情况下不要通风,在不伤害作物的条件下,尽量提高温度,以降低湿度。当温度升高到作物所需适宜温度时,开始通风。

27. 怎样增强冬春季保护地番茄的光照?

番茄是喜光作物,在光照时间短、强度低的冬春季节,保护地番茄易受弱光危害,使其生长受到阻碍,从而影响其产量和品质。为增加冬春大棚番茄的光照,可采取如下措施。

(1)合理布局 番茄移栽定植时,力求苗子大小一致,使植株生长整齐,减少植株之间的遮光。同时以南北向做畦定植为好,使之尽量接受阳光。在棚室内番茄和其他作物间作套种时,应遵循"北高南低"的原则,使植株高矮错落有序,尽量避免互相遮挡现象。

(2)保持棚膜洁净 棚膜上的水滴、尘土等杂物,会使透光率下降30%左右。新薄膜在使用2天、10天、15天后,棚内光照会依次减弱14%、25%、28%。因此,要经常清扫,以增加棚膜的透明度。下雪天应及时扫除积雪。

(3)选用无滴薄膜 无滴薄膜在生产的配方中加入了几种表面活性剂,使水分子从薄膜面流入地面而无水滴产生。选用无滴薄膜扣棚,可增加棚内的光照强度,提高棚温。

(4)合理揭盖草帘 在做好保温工作的前提下,适当提早揭去保温用的草帘和延迟盖帘,可延长光照时间,增强光照。一般太阳出来后0.5～1小时揭帘,太阳落山前半小时再盖帘。特别是在时雨时停的阴雨天里,也要适当揭帘,以充分利用太阳的散射光。

(5)设置反光幕 用宽2米、长3米的镀铝膜反光幕挂在大棚内北侧使之垂直地面,可使地面增光40%左右,棚温提高3℃～4℃。此外,在地面铺设银灰色地膜也能增加植株间的光照强度。

(6)搞好植株整理 及时进行整枝、打杈、绑蔓、打老叶等田间管理，以利于棚内通风透光。

28. 怎样加强保护地番茄冬季弱光补偿管理？

日光温室冬季无论怎样加强光照管理，温室内光照条件都很难达到适宜水平。光照条件常常成为冬季生产的限制因素。在光照不足的条件下，实行弱光补偿管理是能否获得高产、高效益的关键技术。弱光补偿管理是通过温度（主要是夜间温度）的偏低管理、适当加强干燥管理、高二氧化碳浓度管理、稀植和植株调整等来进行的。

在弱光条件下，要抓好以下各项工作，保证番茄的正常生产。①温度白天可控制在适当范围内，夜间温度一定要控制在较低水平，最低温度控制在5℃～7℃，阴雪天室温适当降低。因此，连续阴天时白天要加温。但应注意，温度较高，以及夜间加温过高常导致生产失败。②一定要控制浇水，如果不特别干旱一般不浇水，如浇水一定要在晴天上午进行。浇水过多，土壤湿度和空气湿度都较大时，如遇连续阴雪天，轻者减产减收，重者将导致生产失败。③要增施二氧化碳气肥，一般要求浓度在1 000毫升/立方米左右。④适当稀植，并及时整枝打杈，及时摘掉老叶、病叶及挡光严重的叶片。⑤化肥特别是氮肥的施用不要过多，要控制氨态氮施用量，氮肥要深施。最好加强叶面喷肥。

29. 保护地番茄浇水技术有哪些？

番茄具有喜水、需水量大的特点。据总结有关实践经验，保护地番茄的浇水要掌握如下技术。

（1）**必须按不同生育期特点进行浇水**　一般情况下，番茄边定植边浇水，浇定植水后3～5天再浇1次缓苗水，一直到第一穗果坐住如蛋黄大小时再浇1次。结果前期叶面蒸腾量小，果数也少，通风量也小，一般每7～10天浇1次小水。以后随着植株的生长发育，坐果数增多，通风量加大，蒸腾量增大，应缩短浇水间隔天数和增加浇水量，保持土壤见干见湿（以湿为主），一般每5～7天浇1次水，采收期应保持土壤湿润，以提高单果重。

(2)**根据茬次特点进行浇水** 保护地栽培的越冬番茄，定植期一般在10月底，此时除浇足定植水和及时进行中耕保墒外，一般至第一穗果坐住可不用再浇水，浇坐果水后可加盖地膜保温保湿，如有需要再进行膜下浇小水，以免降低地温。天气转暖后加大浇水量以满足果实生长发育。早春栽培的大棚番茄，坐果后应及时浇水，以满足其对水分的需求。

(3)**根据长势浇水** 植株深绿，叶片有光泽、绿而平、心叶舒展，是水分均匀适宜的表现；如心叶皱缩不展、叶色浓绿，晴天有轻度叶片下垂的为缺水表现，要及时补给水分。如心叶过度展开，叶大而薄，叶面吐水过多，是水分过多的表现，应控水防徒长。

(4)**浇水时间** 生育期应选晴天上午浇水，浇水后要通风、排湿，不宜在下午、傍晚或阴雨天浇水，否则易造成棚内湿度过大，引发晚疫病等病害；中午也不宜浇水，以免高温浇水影响根系生理功能。中后期天气炎热，大棚可昼夜进行大通风，应早晚浇水以利于降温。

(5)**采果期浇水** 番茄在采收前应浇水，这样可提高果实的商品价值。

30. 保护地番茄怎样施用基肥效果好？

基肥是施肥中最基本的一个环节，对番茄生长发育至关重要。施用基肥一般要从肥料的品种、数量及施用的方式等四个方面考虑和实施。

(1)**肥料种类** 有机肥(包括农家肥、厩肥和饼肥)最适宜做基肥施用,氮、磷、钾和微肥也适合做基肥。土壤肥力较高的高龄大棚应注意多施一些生物肥做基肥。

(2)**施肥量** 要确定基肥施用数量,必须考虑土壤肥力高低,在有机质低于1.5%的土壤应每667平方米施用有机肥(以鸡粪为例)3 000千克以上。当土壤中速效氮、磷、钾及微量元素较低时,就应首先选择基施这些肥料。有条件的地方,各种肥料做基肥的具体用量可根据土壤化验结果确定,一般高肥力土壤上用氮肥总用量的30%做基肥,中、低肥力土壤则用50%～70%的氮肥做基肥,磷、钾肥70%做基肥,生物肥和微肥尽可能一次全部做基肥施用。

(3)**肥料品种** 氮肥中的碳铵、尿素,磷肥中的过磷酸钙、钙镁磷肥、二铵,钾肥中的硫酸钾、草木灰,微肥中的锌肥、锰肥、硼肥等均适宜做基肥。

(4)**施肥方式** 一般基肥应施到整个耕层之内,即15～30厘米的深度。有机肥、氮肥、钾肥等可混合后均匀地撒在地表,随即耕翻入土,做到肥料与全耕层土壤均匀混合,以利于番茄不同根系层对养分的吸收利用。磷肥由于移动性差,应集中施于垄(或畦)下,可使磷肥均匀分布在根系密集层里。

31. 保护地番茄合理追肥应遵循什么原则?

番茄对肥料十分敏感,追肥时应遵循"一控、二促、三喷、四忌"的原则。

一控:番茄定植至坐果前的这一段时期,应看苗追肥,控制追肥量。若追肥过多且过于集中,易造成植株徒长,甚至引起落花落果。因此，除植株严重缺肥的情况下，一般都应控制追肥量，略施稀粪水或生化有机肥液即可。

二促：番茄幼果期和采收期应重追肥，以促进其生长发育。在第一穗果实长至核桃大小时要迅速追施速效肥料 1～2 次，一般施用浓度为 30％的人粪尿或 5％含硫复合肥浸出液，以保证植株不脱肥。幼果进入膨大期后，为满足植株生长需要，避免后期脱肥，应采取“勤追猛保”的方法，一般在晴天每隔 10 天施 1 次浓度为 40％的人粪尿或 5％含硫复合肥浸出液。

三喷：番茄不仅由根部从土壤中吸收营养元素，而且可以由叶子吸收矿质营养，以促进果实及种子的发育。因此，在果实生长期间不能进行土壤追肥时，应喷施 2～3 次叶面肥，可用生化有机液肥 300～500 倍液喷施，还可用螯合态多元复合微肥 500 倍液喷施，以提高番茄的品质。

四忌：番茄追肥，一是忌在土壤较湿和中午高温的情况下进行；二是忌过于集中施肥，因为集中施肥易使植株徒长且产生肥害；三是忌在土壤较湿的情况下施肥，否则易引起落花、落叶和落果等生理性病害；四是忌在高温条件下施肥，否则植株叶片水分蒸发量大，会影响肥效的发挥。此外，施肥时间应避开高温时期，以在清晨或傍晚施用为宜。

32. 保护地番茄如何做到科学施肥保高产？

科学施用肥料是棚室番茄获得优质高产的关键。科学施肥要做到以下 3 点。

(1)重视有机肥　有机肥所含营养元素全、肥效缓而长。有机肥是土壤微生物的能源，具有活化土壤微生物的功能。土壤微生物的增加可提高土壤养分的利用率，提高作物的抗病能力。有机肥在分解过程中释放出的二氧化碳，又成为光合作用的原料，可显著提高产量。同时，有机肥还具有提高作物品质的功能。为此重视有机肥是番茄施肥技术的核心。但是，使用的有机肥必须是发酵好的，否则，易产生有害气体。一般情况下，每667平方米施用优质有机肥4 000～5 000千克。有条件的也可使用微生物的接种制剂，一般情况下每667平方米用量为2～3千克。

(2)**平衡施用化肥** 化肥具有养分含量高、肥效快的特点，合理施用化肥可弥补有机肥和土壤中某种营养元素的不足，对提高产量、改善品质与有机肥具有同样的效果。只要平衡施用化肥，不会对作物和环境造成危害。番茄常用的肥料品种有：尿素、过磷酸钙、硫酸钾、硼砂、硫酸锌和三元复合肥等。其中过磷酸钙在酸性土壤或旧大棚上使用效果较好。有机肥用量大的大棚和旧大棚，可选用化肥施用量的低限；有机肥用量少的大棚和新建的大棚，可选用化肥施用量的高限。

(3)**合理分配基肥、追肥的比例** 依据肥料特点及番茄需肥规律，确定基肥、追肥的比例。一般情况下，有机肥、磷肥、微肥和80%的钾肥、30%的氮肥混匀后做基肥，并将其中的2/3均匀撒于地表，然后翻于地下，其余1/3起垄时施在定植行内，其余70%的氮肥和20%的钾肥分别做追肥使用。

番茄进入盛果期后，根系的吸肥能力下降，此时可进行叶面喷肥，常用的方法是每667平方米每次喷洒1%尿素溶液加0.5%磷酸二氢钾溶液加0.1%硼砂混合液40～50升，每隔5～7天喷1次，连喷2～3次，以利于延缓衰老，延长采收期。

33. 温室番茄叶面施肥应注意什么问题?

温室番茄叶面施肥一般从坐果后开始,直到植株拉秧为止,在番茄产量形成过程中起着重要作用。叶面施肥要及时针对不同情况而采用不同的管理方式,具体应注意以下 6 点。

(1)根据番茄的生长情况确定营养的种类 一般来讲,结果前期,植株生长比较旺盛,易徒长,应少用促进茎叶生长的叶面营养肥,可选用磷酸二氢钾、复合肥等;结果盛期,植株生长势开始衰弱,应多用促进茎叶生长的叶面营养来促秧保叶,可选用尿素、糖及磷酸二氢钾等各类叶面专用营养液。

(2)根据天气情况确定营养的种类 阴雨、雪天气,温室内的光照不足,光合作用差,番茄的糖供应不足,叶面喷糖效果比较好。

(3)叶面及时喷施钙肥 番茄果实生长需要较多的钙,土壤供钙不足时,果实容易发生脐腐病。因此,在番茄结果期主张喷施氯化钙、过磷酸钙、氨基酸钙、补钙灵等钙肥以满足番茄对钙素的需要。

(4)番茄叶面施肥的间隔时间要适宜 番茄叶面施肥的适宜间隔时间为 5~7 天。其中叶面喷施易产生肥害的无机化肥间隔时间应长一些,一般不短于 7 天;有机营养的喷施间隔时间可适当短一些,一般以 5 天左右为宜。

(5)番茄叶面施肥应注意与防病结合进行 温室内冬春季节叶面施肥往往会造成保护地内空气湿度明显增大,易引起番茄发病。因此,连阴天叶面喷施肥料次数要少,施肥时加入安泰生、杜邦易保等保护性杀菌剂,并在施肥后进行短时间通风,以减少发病率。

(6)叶面肥使用不当 发生伤叶时,要用清水冲洗叶面,冲洗掉多余肥料，并增加叶片的含水量，缓解叶片受害程度。土壤含水量不足时要浇水，以增加植株体内的含水量，降低茎叶中的肥液浓度。

34. 保护地番茄栽培中施用硅肥有什么好处？怎样正确应用？

除碳、氢、氧、氮、磷、钾等16种植物必需的营养元素外，还有某些营养元素，虽然不是所有植物所必需的，但是对有些植物的生长发育有良好作用，或为某些植物在特定条件下所必需，这些营养元素被称为"有益元素"，其中包括硅、钠、钴、硒、镍、铝等元素。近年来，国内外研究较多、应用较广的是硅和硅肥。

(1)**硅及硅肥** 硅在不同植物体内的含量变化非常之大。土壤中硅的含量虽然很高，但溶解度很低。土壤中的硅主要是无机硅，包括矿物态、胶体态和水溶态三种形态。矿物态硅主要是石英和硅酸盐矿物，难溶于水。硅在植物体中的确切生理功能还不清楚，但它主要有以下3个方面的作用：①参与细胞壁的组成。硅与植物体内的果胶酸、多糖醛酸等有较高亲和力，形成稳定的、溶解度低的硅酸复合物沉积在木质化的细胞壁上，与木质素一同增强组织的机械强度和稳固性，可加强植物抵御病虫入侵的能力。②影响光合作用和蒸腾作用。植物叶片的硅化细胞较之绿色细胞更易让散射光透过，能增加阳光的吸收。硅化物质积淀在叶片的细胞壁上，与角质层一道，能减弱蒸腾作用，使植物能更好地利用水分。③硅与其他养分的相互作用。施用硅肥可以调节植物对氮、磷的过量吸收。例如，提高作物的硅氮比可提高作物的耐高氮能力，减轻由于偏施氮肥而引起的旺长；施用硅肥能促进作物根系的氧化能力，抑制对铁、锰的过量吸收，减轻铁、锰的毒害。硅的这些特性，有利于解决因保护地土壤酸化激活铁、锰而引起的毒害现象。

通常硅肥都由以枸溶性硅酸钙为主的工业废渣制成。它是一种以含硅酸钙为主的微碱性的玻璃体、枸溶性矿物肥料，不溶于水，可溶于酸，其外观因原料不同，呈灰白色、灰褐色或黑色粉末。它无味、无毒、无腐蚀性、不吸潮、不结块、不变质。国外对硅肥的氧化硅含量和颗粒细度有规定。我国还没有国家硅肥专业技术标准，只有生产厂家的企业标准。

(2)硅肥在番茄上的应用效果 近几年来寿光市土壤肥料工作站联合几家硅肥生产厂家在保护地番茄进行了试验。结果证明，作为一种植物调节性肥料，硅肥能够改善番茄品质，特别是对于提高番茄安全品质有独到之处。①增施硅肥，能减轻番茄病虫害的发生，减少农药施用量，降低番茄产品中的农药残留。一方面硅能抑制土壤病菌。如在日光温室等设施连续种植3年以上，就会遇到霉菌等土传病菌的积累，严重影响番茄的产量与品质，使用硅肥会有效地防止霉菌的存活与繁殖。另一方面番茄作物吸收硅元素后，在其体内形成硅化细胞，使茎叶表面细胞壁加厚，角质层增加，从而提高防虫抗病能力。②增施硅肥，能够减轻或消除土壤中重金属污染。这是因为：第一，增施硅肥后，硅肥中所含的硅酸根离子与镉、汞、铅等重金属发生化学反应，形成新的不易被植物吸收的硅酸化合物而沉淀下来。第二，施硅肥增加了番茄作物根系氧化能力，氧化了镉、锰等重金属，减少了它们的溶解度，从而抑制了作物对它们的吸收，有效地防止了重金属对番茄的污染，从而使其污染降到国家规定安全标准以下。③增施硅肥，能够降低番茄体内硝酸盐含量。硅肥作为一种土壤中固有的天然矿物肥，不仅自身有利于番茄生长，而且还调节番茄在不同阶段对氮、磷、钾等营养元素的需求，在其他营养元素施用过量时有抑制供给的作用。施用硅肥，一方面能够抑制氮肥的过量吸收而降低番茄果实内硝酸盐含量；另一方面作为一种营养元素介入光合作用，能够促进氨的同化，使番茄作物体内的铵态氮或硝态氮尽快转化为氨基酸或蛋白质，亦起到降低番茄体内硝酸盐含量的作用。④增施硅肥，能减轻番茄作物激素残留污染。硅肥能够增加花粉活力，在开花期施用硅肥，能增加番茄等茄果类作物的成果率，从而可以减少用于促进番茄等茄果类作物坐果的生长类激素的使用量。

(3)**施用方法** 硅肥在保护地番茄栽培中以基施效果较好。用它与有机肥混合沤制后施用效果更佳。

35. 腐殖酸肥料在番茄生产中有哪些作用?

目前生产的番茄质量不尽人意，农药残留超标、硝酸盐累积严重，重金属污染、病原微生物污染等时有发生，已成为发展无公害番茄生产的严重障碍。因此，如何保证无公害番茄的生产，以尽快满足消费者的需要已成为农技推广工作者关注和亟待解决的问题。腐殖酸在番茄生产中的应用对于解决上述问题将会起到积极的作用。

(1)**增施腐殖酸，能够提高肥料的利用率** 番茄是喜肥作物，需肥量较一般大田作物大，故而在一定范围内施用肥料对番茄的生育、产量及品质有着显著的促进作用。但过量施用，不仅肥效下降，造成经济上的巨大浪费，而且还会破坏土壤结构，造成土壤板结、环境污染。氮肥的过量施用已造成了许多地区番茄中硝态氮的超标累积以及地下水和土壤的严重污染。化肥利用率低，肥效下降，重氮轻钾，重无机肥轻有机肥的施肥习惯已成为制约无公害番茄生产的重大障碍。腐殖酸既具有一般化肥的速效增产作用，又具有有机肥料的活化土壤、缓释培肥作用，而且无公害、无污染，对解决既要发展农业又要保护环境的矛盾、促进生态良性循环有着十分重要的意义。

增施腐殖酸能够提高氮肥特别是尿素的利用率。腐殖酸与尿素作用可生成络合物，对尿素的缓释增效作用十分明显，可使氮利用率提高 6.9%～11.9%，后效增加 15%。

腐殖酸对磷肥具有增效作用，一方面腐殖酸与磷肥形成腐殖酸—金属—磷酸盐络合物，从而防止土壤对磷的固定，磷肥肥效可相对提高 10%～20%，吸磷量提高 28%～39%；另一方面腐殖酸能够提高土壤中磷酸酶的活性，从而使土壤中的有机磷转化为有效磷。

腐殖酸对钾肥具有增效作用，腐殖酸是一系列酸性物质的复杂混合物，其酸性功能可吸收和贮存钾离子，减少其流失，并可避免因长期使用无机钾遗留阴离子对土壤造成的不良影响。腐殖酸可促使难溶性钾的释放，提高土壤速效钾特别是水溶性钾的含量，同时还可减少土壤对钾的固定。

腐殖酸能够提高土壤中微量元素的活性，一些微量元素如硼、钙、锌、锰、铜等，多以无机盐形式施入土壤，易转化为难溶性盐，使其利用率降低甚至完全失效。腐殖酸可与金属离子间发生螯合作用，使其成为水溶性腐殖酸螯合微量元素，从而提高植物对微量元素的吸收与运转能力。

(2)增施腐殖酸可减少农药施用量，降低番茄产品中的农药残留 一方面腐殖酸对某些植物病菌有很好的抑制作用。施用腐殖酸在防治枯萎病、黄萎病、霜霉病、根腐病等方面效果达 85%以上。因此从某种意义上讲，腐殖酸也是农药，尽管其作用机理还不十分清楚，但腐殖酸的无毒、无副作用是许多农药所望尘莫及的。腐殖酸不仅能明显地促进植物对氮、磷、钾的吸收，还能有效地提高植物体内超氧化物歧化酶SOD、硝酸还原酶NR的活性。因此，腐殖酸有助于提高番茄自身的抗逆防衰能力。另一方面，腐殖酸对农药的缓释增效作用，可降低农药的使用量。腐殖酸作为一种无毒、无污染的物质，不仅可单独作为农药，而且还可以与农药混用。腐殖酸与有机、无机磷农药复合可使有机磷分解率大大降低。这是由于腐殖酸分子中含有较多的亲水基团，与农药混合，能有效地发挥其良好的分散、乳化作用，从而有助于提高农药活性。此外，腐殖酸具有很大的内表面积，对有机物、无机物均有很强的吸附作用，与农药配伍，会形成稳定性很高的复合体，从而对农药起缓释作用。腐殖酸与农药复合，可使农药用量减少1/3至1/2，使药效延缓3～7天。而且腐殖酸与农药复配后，其毒性大大降低，这对于减少环境污染，发展无公害番茄生产无疑具有重要的意义。

(3)**腐殖酸具有改良土壤的作用**　腐殖酸是一种良好的土壤改良剂。腐殖酸对土壤中多种微生物和酶都有激活作用。这是由于腐殖酸系高分子有机化合物，气容量大，能提供充足的碳、氮元素给土壤微生物，从而促进微生物代谢及生长发育，增强微生物活性；同时腐殖酸还能促进土壤团粒结构的形成，降低土壤容重，提高阳离子代换量，缓冲酸碱度，从而提高土壤保水、保肥、保温和通气能力，最终改良了土壤结构，培肥了地力。

36. 日光温室番茄怎样科学施用二氧化碳肥？

二氧化碳是作物进行光合作用的主要原料之一，空气中的二氧化碳浓度一般为300毫升/立方米左右，远远不能满足作物优质高产的需要。露地增施二氧化碳气肥又不切实际，棚室封闭的环境使二氧化碳气体施肥成为可能，同时，也是保护地高产优质栽培所不可缺少的重要措施之一。

(1)**施用方法** 生产中常见的有以下6种施用方法：①液态二氧化碳施肥法。把气态二氧化碳经加压后转变为液态二氧化碳保存在钢瓶内，施肥时打开阀门，用一条带有出气小孔的长塑料软管把气化的二氧化碳均匀释放进棚室内。钢瓶出气孔压力为1～1.2千克/平方厘米，每天放气6～12立方米。二氧化碳一般为酿酒厂、化工厂的副产品，纯度要求在99%以上。②化学反应施肥法。主要是强酸与碳酸盐进行化学反应，产生碳酸，而碳酸化学性质不稳定，在低温条件下也能分解为二氧化碳和水。目前推广的主要是用稀硫酸和碳铵反应法。反应式为：$2NH_4HCO_3 + H_2SO_4$（稀）$= (NH_4)_2SO_4 + 2CO_2\uparrow + 2H_2O$。反应产生的二氧化碳可做气肥利用，硫酸铵可做土壤肥料。此方法硫酸可以用工业硫酸，碳铵是化肥，成本低廉。其具体用法是：反应容器为小塑料桶、玻璃缸或玻璃瓶。浓硫酸与水按1∶3比例稀释。稀释时将1份浓硫酸缓慢倒入3份水中，并边倒边用塑料棒或玻璃棒充分与水搅拌均匀，切不可把水倒入硫酸，以防硫酸飞溅伤人。每个棚室吊挂7～10个容器，高度为番茄植株的中上部，一般离地1～1.2米。把称量好的稀硫酸倒入容器中，称好的碳铵分7～10份，用塑料袋装好，每个袋上扎上十几个孔洞，各放入盛酸的容器中，让其缓慢反应，反应后残渣无残留硫酸时可将其做肥料施入土壤。该法是通过控制碳铵用量来控制二氧化碳气体浓度的。另外，生产中还有用硫酸与小苏打反应法、石灰石与盐酸反应法。在具体施用时，除以上简易施法外，生产上已有成套二氧化碳气体发生装置销售。该装置是用大容器代替上述小容器，产生出的二氧化碳气体经清水过滤后用带孔的塑料管送入棚室。如河北省土肥工作站生产的芳田牌 HTI-8 型二氧化碳发生器，有条件的农户可购买采用。③燃烧施肥法。利用含碳量较高的物质，如木材、煤、焦炭等在空气中燃烧放出二氧化碳。高级二氧化碳气肥棒是一种新型的燃烧式气肥，它选用高温干馏木炭为碳源，与催化剂和活化剂充分混合压制成型，再经烘干活化，直接用火点燃后置于棚内即可，值得推广。④微生物分解法。增施有机肥产生二氧化碳。⑤土壤化学法。利用 $CaCO_3$ 粉为基料，与其他添加剂、载体、粘结剂一起经高温处理形成的固体颗粒，一般为颗粒状或粉状。如山东省农业科学院原子能研究所研制的固气颗粒肥，撒在地表或埋入 1～2 厘米的表土层内，在适当温度和湿度条件下，经土壤微生物的生化和物化作用，缓慢放出二氧化碳。其缺点是浓度和数量不易人为控制。使用时将颗粒气肥均匀埋于行间，一般每 667 平方米用量为 40～50 千克，1 次投入，释放二氧化碳有效期约 60 天，施后 40 天，棚内上午二氧化碳浓度达 1 000 毫升/立方米。二氧化碳最高浓度达 2 000 毫升/立方米。⑥固体二氧化碳施肥法。利用固体二氧化碳即干冰在常温下吸热后升华为气体进行施肥。干冰贮藏、运输条件严格，一般在苗床内施用。使用时人体不要接触干冰，以免发生低温伤害。

（2）施肥时期、时间与浓度 ①施用时期。就番茄而言，以前期施用二氧化碳的效果较好，苗期可从真叶展开后开始，以花芽分化前开始施用效果为最好；其次是结果期施用，宜于雌花着生、开花期和结果初期施用，因此期植株对二氧化碳的吸收量急剧增加。施用天数最好不少于 45 天。②施用时间。一般晴天上午揭苫 0.5 小时后开始施肥，阴天或轻度阴天可推迟1小时。冬季(11月至翌年2月)二氧化碳施肥时间约在上午9时,春、秋两季可适当提前。通风前0.5小时停止施用。每次施肥时间以不少于2小时为好。③施用浓度。二氧化碳施肥浓度应根据品种、季节、生长期、生长情况、天气状况、肥水管理水平等诸因素考虑确定。一般应随光照、温度的增加而逐步提高二氧化碳用量。一般晴天浓度为1 000～1 300毫升/立方米,阴天为500～1 000毫升/立方米。低温寡照时期一般不宜施用。

(3)注意事项 ①二氧化碳施肥要与其他措施配套。白天室温提高2℃～3℃,夜间降温1℃～2℃,以防止植株徒长。提高土壤湿度及空气相对湿度。增施磷、钾肥等。②防止茎叶发生徒长。③防止高浓度二氧化碳气体中毒,生产中控制在1 600毫升/立方米以下较为安全。④二氧化碳气体施肥要保持连续性,一般前后两次间隔时间不超过1周。同时,施肥结束时,不要突然停止,要缓慢减量,以防止植株早衰。

37. 日光温室番茄早春栽培的技术有哪些?

日光温室番茄早春茬生产是在冬季播种育苗进行早春生产的茬口安排,其技术难度比冬春茬生产相对较小,风险性较小,农民容易接受,产量和经济效益较高,是目前日光温室番茄生产普遍采用的栽培形式。

(1)品种选择 番茄早春茬生产,品种选择范围较大,适宜品种也较多,目前生产上主要有桃秀、佳粉2号、佳粉10号、耐莫尼塔、罗曼娜、欧拉玛等。各地可结合本地气候条件具体选择。

(2)培育适龄壮苗 播种期一般在12月中下旬至翌年1月上旬。苗龄60天左右。播种后25天左右,当幼苗长到2

片真叶时进行移植。苗期管理注意增温增光。苗期可在苗床北侧张挂反光幕。其他管理参见番茄育苗技术部分。一般在育苗株高为20～25厘米，具7～9片叶，普遍现蕾时定植。

(3)整地定植 番茄早春茬生产，除新建温室外，一般都有前茬(芹菜、韭菜等)，整地前要进行清洁田园，施肥一般每667平方米施腐熟农家肥10000千克左右，过磷酸钙50千克左右。定植时再施入磷酸二铵或饼肥100千克做基肥。整地可起垄或做畦，起垄一般是50厘米行距、15厘米高的垄，做畦一般做成底宽1米、畦面宽70～80厘米、畦高15厘米的高畦，整地后覆盖地膜。高畦地膜覆盖一般在畦中间开一小沟，用于膜下暗沟浇水。

定植一般要求室内10厘米地温稳定通过10℃，最低气温10℃以上。定植密度，一般早熟品种采用畦栽，行距40～50厘米，株距20厘米、每667平方米栽苗6000～7000株。中熟品种采用垄栽，每垄栽1行，株距30～33厘米，每667平方米栽苗4000株左右。定植时水要浇足，水渗后封住地膜口。

(4)定植后管理 日光温室番茄早春生产，一般在2月份定植，定植后外界气温回升，光照逐渐增强，室内气温一般可维持较高水平，要注意通风管理，防止高温危害。要抓好以下工作：①通风与温度调节。由于番茄定植时正值寒冷的冬季，所以，首要的任务就是提高棚室内的温度，增强光照，促进缓苗。这时候白天温度控制在25℃～30℃，夜间温度在15℃～20℃，以防止秧苗徒长。番茄在花期对温度比较敏感，特别是开花前5天和开花后3天，低于15℃高于30℃都不利于开花、授粉和受精。在结果期白天温度控制在25℃左右，夜间控制在15℃左右，昼夜温差以10℃左右为宜，温度低会使果实生长缓慢，温度过高会影响果实着色。②整枝保果。

在第一穗果坐住后及时吊蔓。在寿光市，大棚整枝一般都是采用单干整枝法，同时番茄易发生侧枝，要及时抹去，底部叶片及时摘除，以改善通风条件，降低各种病害发生的概率。③浇水施肥。番茄根系比较发达，吸水能力强，生长过程中需水量大，但是在浇水的时候尤其在寒冷的冬季不宜漫灌。在第一穗果坐住以后，如浇水过多会引起徒长，导致落花，因此在定植后要控制浇水，在果实长到核桃大小的时候开始浇水施肥，可以随水冲施蜜来高有机肥或普罗丹复合肥等。以后，视植株的长势和天气状况，摘1茬果实浇1次肥水。在冬季，最好在晴天上午浇水，浇水后闭棚升温，待温度上升后开始通风，排除棚室内的湿气。④各种病害的防治。在番茄生长前期，病害比较少，主要是防止早疫病、灰霉病等病害的发生。对早疫病可用50%瑞毒锰锌600倍液或64%杀毒矾500倍液进行防治；灰霉病可用40%施佳乐1 000倍液或40%百可得1 500倍液进行防治。

38. 保护地越夏茬栽培番茄田间管理有哪些关键技术？

番茄伏茬（越夏茬）高效益栽培是在各类型塑料薄膜保护地中进行的，定植期在6月上旬。

（1）定植 一是定植前保护地准备。定植前7～10天，每667平方米施经过充分发酵腐熟灭菌的厩肥10 000余千克，鸡粪4 000～5 000千克，过磷酸钙80～100千克，均匀撒于地面后，结合深翻耕地30厘米深，把肥料施入整个耕作层。耢地搂地2～3遍，把地面整平后起垄。伏茬番茄的定植密度宜偏大，不宜起垄过宽。一般采取垄宽1.2米，其中垄背宽80厘米，垄沟宽40厘米，垄高15～20厘米。结合整地起垄每667平方米施尿素和硫酸钾各15～20千克。

保护地栽培床面起垄后，用5%菌毒清对清水150～200倍，对保护地内的墙面、立柱面、地面、棚膜面全部喷布一遍。然后严格封闭棚膜，进行4～5天的高温烤棚（高温闷棚）消毒灭菌。烤棚期间的晴天中午前后，棚内气温高达60℃～70℃。经过高温烤棚后，揭起棚底脚膜和打开天窗，昼夜通风降温，当棚内昼间气温降到25℃～30℃时，即可定植番茄。二是定植密度。伏茬番茄要求采收果实盛期集中在“伏淡”期。因此，要求结果期比较集中，宜采用单干整枝，单株留4穗果，中架或高架栽培，故定植密度既不可过稀，又不可过密。一般采取大小行定植，小行距50～55厘米，大行距65～70厘米，小行间在垄背上，株距32～37厘米，每667平方米栽3 000～3 500株。三是定植方法。寿光菜农定植伏茬番茄，多采用“窝里放炮”施肥、先栽苗后浇水的方法。即按计划株距开窝14～15厘米深，每窝中施入经过发酵腐熟饼粕肥100～150克，使肥土混合均匀，然后放苗坨于窝里，并使苗坨顶面略低于垄背面，随即少加土栽植后浇水，水渗后填土封穴。定植完毕，采取灌垄沟洇浇垄背，浇足定植水。

（2）**定植后管理** ①缓苗期管理。定植后5～7天的管理重点是改善土壤透气条件和减少叶面蒸腾量，促进加速生根缓苗。具体管理措施是：浇定植水后第二、第三天及时中耕松土。定植后及时进行网膜共同覆盖，既遮阳光降温，减轻叶面蒸腾水分，又避雨、防风雹。为便于通风降温排湿，膜、网覆盖保护地时，要先上遮阳网，后上塑料薄膜。此期处于6月上中旬，日平均气温在20℃左右。在网、膜共同覆盖和昼夜加强通风的管理情况下，棚内白天气温可维持在22℃～27℃，夜间在14℃～17℃，适于番茄苗生长发育。在浇足定植水的基础上，为促进植株根系发展，一般此期不灌水。定植后5～6

天，若因遇干热风天气，番茄苗表现干旱时，可于晴天上午轻洇浇一遍水。②缓苗后至植株第一花序果实膨大期的管理。此阶段是番茄植株由营养生长旺盛逐渐过渡到营养生长和生殖生长双旺，打下丰产架子的时期，也是植株对土壤水分养分的吸收愈来愈多的时期。管理的主要措施：一是增加肥水供应。分别于缓苗后和第一花序坐果期追肥、浇水，每667平方米追施尿素量：第一次5～7千克，第二次8～12千克。追肥后及时浇水和中耕松土、培土。值得特别注意的是追肥时不要追得离株基太近，要距株基15～20厘米处穴施或沟施后埋严，以防化肥烧根。二是实施化控。第一次追肥浇水后要喷洒100毫克/千克助壮素，即50升清水中加25%助壮素20毫升；第二次追肥浇水后喷洒150毫克/千克助壮素，即50升清水中加25%助壮素30毫升。也可按说明使用缩节胺、多效唑等化学控制剂实施化控。三是严防病虫害发生。在操作管理过程中，注意严密封盖避虫网，防止蚜虫、白粉虱、棉铃虫、烟青虫等害虫迁入棚内。同时加强病情观察，一旦发现病毒病植株，及早拔除后随即进行药剂消毒。四是实施单秆整枝，留4穗果，搞好整枝打杈。支篱笆形中架绑蔓或支"人"字形高架绑蔓或吊架绑蔓。五是注意收听天气预报，及时采取棚上面覆盖塑膜和草苫，以避雨、防风雹；棚前窗面用避虫网覆盖，以便于既通风降温排湿，又防止害虫迁入棚内。③持续结果期管理。从植株第一花序的果实如核桃大小至最上部花序的果实半熟期，为结果期，也称陆续结果期。伏茬番茄的结果期处在7～8月的整个伏期和伏前、伏后各20天。此期高温、多雨、高湿的自然气候条件对于忌强光、高温、高湿的番茄生长很不利，往往造成落花脱果和因病虫危害而烂果，严重减产和降低果实品质。为了保花保果和防止植株衰弱，促进果实正常发育膨大、成熟，在管理上除继续加强病虫防治、整枝绑蔓、激素涂花或蘸花外，重点是遮阳降温、避雨、通风排湿和肥水供应，及时疏果和适时摘收。一是遮阳。银灰色遮阳网的遮光率约为 57%，可降温 3.5℃～4.3℃；绿色遮阳网的遮光率为 44%，可降温 3℃～4℃。保护地伏茬番茄结果期，采取盖遮阳网，可使棚内气温白天不高于 30℃，夜间不高于 20℃。若遇特殊强光高温天气时，可只在棚前坡透光面加盖花帘(即稀疏地加盖上草帘)。二是避雨。在大雨和暴雨到来之前，要在棚面上及棚外加盖塑料薄膜避雨。雨后及时撩起前窗膜置于棚架上，及时打开天窗，进行通风。避雨能有效地防止因土壤湿度过大和透气不良而沤根，并能避免风雨传播的某些病害。三是肥水供应。番茄结果期耗氮量较大，耗水量更大。为满足其结果期对氮素养分和水分的需求，自植株第一花序果实膨大期追肥、浇水后，在第二、第三、第四花序的果实膨大期，都要重追氮素化肥，每次每 667 平方米追施尿素化肥 8～12 千克。为使植株最上部果穗的果实能良好地膨大成熟，在地面追肥后，还要叶面喷施磷酸二氢钾 2～3 次。在避雨栽培的情况下，往土壤里追施肥料后必须浇水，浇水仍然采取灌沟洇垄法，即浇灌大行间，洇湿小行间，隔行浇水法。浇水的次数要比追肥的次数多，一般每 7～8 天浇 1 次水。四是整枝、绑蔓、中耕。为改善植株行间和株间的透光通风和排湿，要及时整枝打杈、绑蔓、吊蔓，浇水后适时中耕松土，这样不仅能防止土壤板结，有利于土壤透气，还可加快表层土壤散墒排湿，降低行间空气湿度。五是疏果。在番茄植株每一花序的果实如蚕豆大小时，要进行疏果，以减少无效消耗养分，避免或减少畸形果，使果实大小均匀，增加平均单果重量，从而提高产量和改善品质。伏茬番茄宜采取单干整枝，留 4 穗果。大果型品种一般每穗留2个果,中果型品种一般每穗留3～4个果,小果型品种每穗留6～8个果,并注意不要留对把果。通过疏果,把不需要的幼果和晚花都摘除,而选留需要数量的周正、健壮、发育快的大果。为防止人为传播番茄病毒病,在疏果前要有专人拔除病毒病植株,清除病株残体。疏果时,先用来苏儿药水消毒手指,在操作过程中不可吸烟,以防传播烟草花叶病毒。

(3)**适时采收** 夏伏茬番茄果实陆续成熟期正处于高温、多雨的伏季,因自然温度高,果实成熟速度较快,后熟期较短,贮藏期或货架寿命期较短。因此,应适时采收,以利于延长货架寿命期,便于销售。

39. 番茄越夏如何防治败秧?

夏季高温多雨,番茄病害多,败秧严重。为确保番茄安全越夏,以利于秋季二次结果,在越夏期间,应采取"两改、三及时"管理措施防止败秧。

两改:一是改栽培方式。为防治夏季雨水浸种,应改平畦为垄栽。若已在平畦栽植,可结合培土,分次使畦心变为垄背,使垄背变为畦心。一般应分2～3次培土完成,防止一次培土过量,影响根系吸收化肥的能力。培土后,根量增加,吸收养分能力加快,植株健壮,增强抗病力。由于根系上下层分布均匀,可减少地表温度变化时对根系的影响,以利于壮秧抗逆。二是改整枝技术。为使番茄越夏不败秧,应改传统的单干式或双干式整枝法为新的偏心摘头整枝技术。新的整枝方法是:当第一花序或第二花序坐果时,第二花序或第三花序出现,用第二花序下长出的第一个侧芽代替主干,同样使其着生2～3个花序后,在主干中部选一侧芽培养为主干,如此连续摘心换头，有刺激植株更新生长的作用，使植株越夏不败秧，坐果多，产量高。

三及时：一是及时供水肥。盛夏炎热，及时供给番茄水肥，是防治败秧的重要措施。田间忽干忽湿，雨后积水，则会造成大量死秧。因此，田间土壤湿度要基本保持一致，一般隔7天左右浇水1次。在及时供水的同时，还应隔15～20天追施1次尿素或硝铵等速效性氮肥，每667平方米追施5千克左右。与此同时，还应叶面喷施磷酸二氢钾，使植株壮苗不徒长。二是及时防治病虫害。番茄越夏期病害主要有疫病和病毒病。对疫病应隔10～15天喷1次1∶1多菌灵和代森锌500倍混合液，或喷1∶1甲基托布津和瑞毒霉800倍混合液，二者交替喷施效果更好。及时喷施40％乐果乳剂1500～2000倍液消灭蚜虫，以防止蚜虫传播病毒病。在发病前，每隔7～10天喷1次0.1％～0.3％高锰酸钾液，可防止病毒病发生。番茄越夏期间主要有棉铃虫、玉米螟等钻蛀为害，造成植株死亡。在它们产卵高峰期，及时喷施敌百虫、菊酯类杀虫剂，可防止其为害。三是及时排水。番茄喜湿润，怕水浸。高温季节，浇水要在早晚凉爽时随浇随排，降低地温，减少病害。如果积水，会窒息根系，或诱发青枯病发生。

40. 日光温室番茄秋延后栽培的关键技术是什么？

日光温室番茄秋延后栽培是夏播秋收栽培，生育前期高温多雨，病毒病等病害较重，生育后期温度逐渐下降，须注意防寒保温，防止冻害。其栽培的关键技术如下。

(1)品种选择 应选择抗病性强、早熟、高产，耐贮藏的品种。目前生产上的常用品种有耐莫尼塔、罗曼娜、毛粉802等，各地应结合本地特点具体选择。

(2)**播种期及育苗方式** 日光温室秋番茄如播种过早，苗期正值高温雨季，病毒病发生率高，播种过晚，生育期不足，顶部第三穗果实不能成熟。适宜播期应在当地气温达到－5℃左右的时期向前推移110天左右为宜。山东寿光以7月中下旬为宜。如每株只留2穗果，适宜的播期可以向后延晚4～5天。

日光温室番茄栽培可以直播，也可以育苗移栽。直播栽培根系不受损伤，植株生长健壮，单产较高，但前期中耕松土和喷药防治虫害比较费工。日光温室秋番茄移栽可以采用小苗移栽(子母苗移栽)，也可采用育大苗移栽。小苗移栽一般在2叶1心时，将小苗带上栽进大棚，苗龄15～18天，这时植株二级侧根刚刚伸出，根幅不大，定植时伤根少，易缓苗。小苗定植浇水要及时，否则土壤易板结而“卡脖”掉苗。大苗移栽是目前生产上普遍采用的形式。育苗时在小苗具2～3片叶进行1次移苗(分苗)，待苗长到5～6片叶，日历苗龄为25天左右时，割坨定植或去掉营养袋定植。这种方法的优点是苗期便于集中管理，定植晚，有利于轮作倒茬，但晚定植病害较重。在实际生产中，日光温室秋番茄采用直播或小苗移栽，往往比育大苗移栽对高产稳产更为有利。番茄越夏育苗可采用遮阳网进行遮荫育苗，以减轻病害，培育壮苗。

(3)**整地定植** 定植前清洁田园，整地施肥。一般每667平方米施腐熟农家肥5000千克左右。秋番茄可采用畦栽或起垄栽培。定植密度一般比春提早栽培大。栽培有限生长型品种，每667平方米栽5000株左右。栽培无限生长型品种，单株留3穗果栽培，每667平方米栽4000株左右。最好选阴天或傍晚定植，并及时浇水，以利于缓苗。

(4)**定植后的管理** 定植后要加强通风、降温。及时中耕松土。如植株徒长，应及时喷洒矮壮素。花期及时喷或蘸防落素等坐果激素，及时整枝、打杈、绑蔓。一般采用单干整枝，留 2～3 穗果后摘心。9 月中旬以后，外界气温开始下降，要注意夜间保温，当第一穗果坐住后，加强水肥管理。

(5)**病虫害防治** 日光温室秋番茄前期病毒病较重，后期叶霉病、早疫病、晚疫病等病害较重，要加强防治，并注意防治蚜虫、白粉虱和棉铃虫等害虫。

(6)**采收和贮藏** 日光温室秋番茄果实转色以后要陆续采收上市，当棚内温度下降到 2℃时，要全部采收进行贮藏。一般用简易贮藏法，贮藏在经过消毒的室内或日光温室内。贮藏温度保持在 10℃～12℃，空气相对湿度 70%～80%，每周倒动 1 次，并挑选红熟果陆续上市。秋番茄一般不进行乙烯利人工催熟，以延长贮藏时间，延长供应期。

41. 日光温室番茄越冬茬栽培的关键技术是什么？

温室越冬栽培番茄每 667 平方米净产值为 1.2 万～1.6 万元，经济效益并不是很好。通过换茬提高温室栽培效益，其增长率也不太明显。基于此，寿光市洛城绿色食品蔬菜基地从番茄栽培方法入手，调整番茄播期和改进栽培技术，在试验的基础上总结出番茄再生栽培技术。主要是通过选择最佳的播期，使番茄第一次坐果期处于室内光照充足、温度适宜果实生长的8～11 月，而果实采收期处于冬季最低温阶段，更换结果枝和再次坐果时处于气温回升阶段，这样不仅能够充分利用土地资源和光温资源，提高番茄产量，取得较高效益，而且番茄第二次坐果的果实采收比换茬栽培可提前 32～45 天。这种栽培方法更适宜冬季较寒冷的地区栽培番茄，避免了低温弱光造成的坐果率低、果实生长慢等现象。试验表明：番茄再生栽培比连续两茬栽培番茄效益可增加10%～15%。现将有关技术介绍如下。

(1)**品种选择** 主要选择中熟和中早熟、生长势强、易发枝、坐果率高的无限生长型品种，如189、好韦斯特、玛瓦等品种。其根系发达，剪掉老化的结果枝，新发出的侧枝生长快，能在较短的时间内进入花芽分化期，有利于提前上市，获得较好的经济效益。

(2)**适时育苗** 根据气候变化特征，寿光市一般在6月中上旬播种，种子不用浸种催芽就直接撒播在育苗床上，育苗温室用旧棚膜覆盖，其上加盖遮阳网，以降低光照强度和温度，防止种子发芽后出现"高脚"现象。种子出土前必须早晚掀动苗床地膜，通风换气5～6分钟，以确保出苗整齐。幼苗出土后，长到1叶1心时进行分苗，将苗分到10厘米×10厘米营养钵中。从分苗至定植正是外界高温和虫害猖獗期，要加强温度和水分管理，预防虫害。营养钵表土发白，中午幼苗出现萎蔫时浇水，上浇下灌，直到浇透营养钵为止。幼苗长出5～6片真叶时，拉大营养钵间距离，增强植株间透光性，促使幼苗茎增粗，培育壮苗。

(3)**适期定植** 番茄再生栽培，植株生长期长，消耗土壤养分多，因此必须施足基肥。每667平方米施腐熟的农家肥10 000千克，磷酸二铵100千克，尿素、硫酸钾适量。高垄栽培，垄高20厘米，垄面宽80厘米，垄面中央开暗沟。选择株高25厘米、具7～8片真叶的健壮苗定植，每667平方米栽1 800株。定植完毕立即浇缓苗水，苗缓活后，覆盖地膜，地膜仅盖在垄帮处，不必盖严垄间沟。此时为8月初，室内地温、气温都很高，须使土壤散失大量热量以降低地温和蒸发水分以增强室内湿度。等外温降低，室内温度适宜番茄生长时，再用地膜盖严垄间沟，以避免室内湿度过大，引起病害发生。

(4)**吊蔓整枝** 定植后番茄生出 1～2 片新叶时开始吊蔓，吊蔓绳一端系在番茄基部，另一端系在南北走向的一道粗铁丝上，吊蔓时绳两端都打成活扣，以便随着植株生长调节绳的松紧。番茄进入初花期后进行整枝，由于番茄第一次坐果和果实生长时，室内白天温度为 15℃～30℃，夜温为 10℃～18℃，光照充足，有利于番茄果实生长，采取双干整枝，即把主茎和一个长势旺的侧枝作为两个主干，去掉其上所有的侧枝，然后分别进行吊蔓，以后每周进行 1 次整枝，去掉番茄基部新发出的及每个主干叶腋处新长出的侧枝。番茄进入第一次采收后期即天气开始转暖时，整枝时番茄基部新发出的侧枝选 2 个长势旺的培育为新主干，主干上的侧枝仍然一律去掉。果实采摘完后，在距新培育的侧枝上面 20 厘米处剪掉主干，并对培育的侧枝进行吊蔓整枝，使番茄进入第二次结果期，以后整枝同第一次坐果的整枝方法。

(5)**合理蘸花** 番茄前后两次开花坐果时光照充足，花大，多形成长、中花柱花，坐果率高。但为使每穗果大小均匀，且以后采收期相近，仍需人工处理番茄花。具体的做法是：在每个花序有 5～7 朵小花开放时，疏掉花序上未开放的花，然后将整个花序放入药液轻蘸一下即取出，以花序没有药液下滴为佳。每穗花序只进行 1 次蘸花，用 2，4-D 处理番茄花的浓度为 10～20 毫克/千克。当果实直径为 3～4 厘米时，可根据番茄品种进行疏果，中型果每穗留 4～5 个果，大型果每穗留 2～3 个果。

(6)**抢时摘心** 番茄第一次坐果，在第五穗果如核桃大小时摘心，在第五穗果上面留 2～3 片真叶，然后去掉主干的生长点，第五穗果摘心的目的在于促进第一、第二穗果转色成熟，第四、第五穗果迅速膨大，缩短果实采收期，提前采收。番茄第二次坐果，在第四穗果坐住后进行摘心，以免坐果太多，造成果实生长后期有机肥匮乏而使果实品质下降。

(7)**及时疏叶**　番茄第一次坐果，第一穗果进入绿熟期时去掉第一穗果下面所有的叶片，并且将主干上的叶片疏掉一部分，以改善植株间透光性，增强光照，促进果实成熟，随后每采摘一穗果，则去掉相邻的一穗果下面的所有叶片，此方法还可有效地预防早晚疫病和灰霉病。但番茄第二次坐果进入采收期时仅采收果实不疏叶。

(8)**合理施肥**　番茄耗地力较大，除了定植时施足有机肥和浇水时追施氮、磷、钾肥外，还应在番茄生长期补施有机肥。番茄第一次坐果，果实采收收尾时追施 1 次农家肥，每 667 平方米施 2 000 千克，并掺入磷酸二铵 50 千克；第二次坐果，第三穗果坐住后，再补施 1 次农家肥，以提高果实品质。此外，叶面喷施一些微肥，诸如硼镁肥、硫酸锌、氯化钙等，以协调植株养分供应和增强植株抗病力。

42. 保护地无限生长型番茄盘干落秧增产技术包括哪些关键环节？

保护地（温室、大棚）内栽培无限生长型番茄，因受环境条件的影响，往往表现为徒长，使植株过高而影响光照，结果部位上移，从而影响产量、品质，并延迟成熟和上市时间。鉴于此，寿光市农业高科技示范园经多年试验示范，总结出盘干落秧降低苗高，缩短养分运输距离，增加光照的增产新技术。

(1)**栽植缚苗**　定植时使秧苗在行向上与垂直方向形成 20°～25°倾角，再把杆架或绳架接地点固定于离秧苗根部 15～20 厘米的位置上。待秧苗成活后，在土壤稍干且苗内水分降低时，轻轻拉动秧苗，绑缚于架杆或架绳上即可。绑缚点在第一花序下。

(2)第一次落秧时间和方法 待第一、第二花序用激素喷花坐果后，第三花序出现至现蕾时，松动各绑缚点的缚绳，将秧干基部10～15厘米放在垄上，清除秧干下部1～3节的叶片，揭除地膜使秧干与土结合，并用事先准备好的营养土坯（用杀菌熟土和腐熟鸡粪以9∶1混合制成）压上，随后用多菌灵500倍液灌根。

(3)第二次落秧时间和方法 当第一、第二花序果实成熟摘除后，第二花序下的叶片全部清除，将秧干在第一次落秧基础上顺势盘在垄上，再用营养坯压实。要清除秧干着垄处的地膜，使秧干与土壤接触，将苗干固定在架上。

在第二次落秧后2～5天内可用生根粉或纳米磁能液按使用说明书的要求进行灌根，促进秧干上生成不定根，以增加根量，提高吸收能力（一般常用量为100～150毫克/千克）。

(4)注意事项 ①留3层花序只落1次秧，留4层花序落秧2次，留5层花序落秧3次。②要保护好秧干、果实和叶片，使其免受损害。③加强土、肥、花、果、叶片管理，做好病虫害防治工作。

(5)效益分析 经过对比分析，以留4层花序为例，落秧管理较常规管理增产8%～15%，品质明显改善，空果率降低；糖度增加，果形指数提高，商品性增强；3、4层果实成熟期提前，生产效益明显提高。经过落秧处理的秧苗，还可以根据市场行情续留新梢，继续结果，以延长结果期，增加产量。

43. 保护地樱桃番茄整枝落蔓栽培包括哪些技术措施？

(1)品种选择 选用千禧、阳光等生长势强、结果期长、采用高架栽培的中晚熟品种。按宽行 1 米、窄行 0.6 米的规格起垄栽培，每 667 平方米栽 3 000 株左右。

（2）**整枝技术** 当主干结 2 穗果时，在顶部留 2 片叶摘心，该果枝被称为第一结果枝。当第一花序的果实开始采收，第二花序的果实开始膨大时，保留顶部果穗下的 1 个强壮侧枝，代替主干继续生长。根据植株长势，侧枝上长 2 穗果后再摘心，这就是第二结果枝。当第二结果枝的果实开始采收时，再从其上部选留 1 个强壮的侧枝作为第三结果枝，依此类推。整个生育期摘心换头 6～7 次，每株保留 6～7 个结果枝，留 12～14 穗果。

结果枝留好后，将其余侧枝全部抹去，侧枝不宜过早打掉，一般长至 20 厘米以上时保留 2 片叶打掉，这样可更好地利用侧枝促进番茄生长。

（3）**落蔓技术** 落蔓前控制浇水，以降低茎蔓中的含水量，增强其韧性。落蔓宜在晴暖天气的午后进行，此时茎蔓含水量低，组织柔软，便于操作，可避免和减少落蔓时伤茎；落蔓时应把茎蔓下部的老黄叶和病叶去掉，带到棚室外面深埋或烧毁；该部位的果实也要全部采收下来，避免落蔓后叶片和果实在潮湿的地面上发病，形成发病中心。当第一花序开放时进行吊蔓。第一果枝的果实采收完后，当第二果枝的第一穗果迅速膨大，第二果穗坐住时进行第一次落蔓。之后，每一个结果枝采收完后都要落蔓 1 次。

采取株与株之间交叉落蔓的方法，即把植株从绳上解下来，打掉下部的老叶，轻轻将植株扭到同一附近植株的位置再重新吊蔓。落蔓要有秩序地朝向同一方向，逐步盘绕于栽培垄两侧。盘绕茎蔓时，要随着茎蔓的自然弯度使其打弯，不要强行打弯或反向打弯，避免扭裂或折断茎蔓。每次落蔓保持有叶茎蔓距垄面15厘米左右，每株保持功能叶20片以上，株高维持在距棚面0.8米(棚南)至1.5米(棚北)，要注意前排植株茎的顶端不能超过后排，以免遮光。保证叶片分布均匀，始终处于立体采光的最佳位置和叶面积最佳状态，叶面积系数保持在3～4。整个生育期落蔓5～6次。

(4)**整枝落蔓后的管理** ①温度。整枝落蔓后的几天里，要适当提高棚室内的温度，促进受伤茎蔓的伤口愈合。白天温度保持在20℃～25℃，夜间在15℃左右。②喷药。为防止病菌从茎蔓和叶片伤口侵入，可根据樱桃番茄的常发病害，在整枝落蔓后喷施速克灵、灰霉克、百菌清、代森锰锌等药剂防治叶霉病、灰霉病、早疫病和晚疫病。喷药时可在农药中加入丰收一号叶面肥，既可防病，又能增产。③肥水管理。落蔓虽能降低植株的结果位置，却不能缩短结果部位与根系的实际距离。加之营养体越来越大，如肥水供应不足，会造成结果质量越来越差，果实越来越小等问题，因此，应供应充足的肥水，以满足植株生长需求。追肥以硫酸钾等钾肥为主，每667平方米追肥15～20千克，同时浇水。④打杈、摘老叶。果实采摘后，位于该枝下面的侧枝要及时打掉，以保证坐果枝的营养供应，同时将结果枝下面的叶片全部摘除。果穗上的叶片不可摘除，以保证上层果实发育良好。打杈和摘老叶要在晴天进行，以利于伤口愈合。注意打杈时掰杈的手只接触杈子，不接触全干，以避免传播烟草花叶病毒。摘叶应尽量在靠近枝干部位上摘除叶片，不要留叶柄，以免发生灰霉病。

44. 番茄果实套袋有什么好处？如何操作？

番茄是冬季大棚蔬菜主栽品种之一，由于冬季病虫害发生严重，常导致残次果、病果和裂果发生，菜农为减少损失而频繁使用农药，不仅增加投入，而且易使成品果率低，农药残留量大，品质差，生产效益低，收入少。为使产品达到无公害标准，各地常采取禁用剧毒农药、选用高效低毒低残留农药、减少用药量和安全间隔期等措施，但由于冬春季节病虫危害严重，用药次数较多，果面直接接触药液，仍存在一定程度的污染。番茄套袋是解决这一问题的好方法。

(1)番茄套袋的优点 ①技术简单。对番茄果实进行套袋，可操作性强，便于应用推广。②病虫危害轻。套袋后减少了农药用量及次数，大大缩短了果实与农药的直接接触期，防虫、防污染效果显著。番茄果实套袋和不套袋相比，前者的农药残留量、硝酸盐和亚硝酸盐含量均明显低于后者。③成熟早、品质好。番茄果实套袋可提早成熟 5～7 天，收获后，脱袋果实着色均匀，颜色鲜艳，光泽度明显好于不套袋果实，其口感和风味也均优于不套袋果，而且脐腐病少，裂果较轻，套袋番茄裂果率为 1%～2%，而不套袋的裂果率为 8%～10%。④经济效益高。套袋后，番茄产量增加 4%，果实的商品性好，市场价格高，与不套袋相比，每 667 平方米增加收入 750 元左右。

(2)操作技术 ①套袋材料。通过试验筛选，番茄果实套袋采用 190 毫米×160 毫米×0.0015 毫米的无色透明聚乙烯袋为最好。②套袋时间。套袋过早，易化果，坐果率低，工作效率差；套袋过晚，效果不明显。套袋时间应在幼果直径为 1～1.5 厘米时较为适宜。③套袋方法。套袋时应先进行疏果，摘除畸形果，每穗保留 3～5 个果，用塑料套袋将保留果套好，再用细铁丝或曲别针固定，每袋只套 1 个果。

(3)注意事项 套袋前，应先用高效低毒低残留的农药防治棉铃虫等，避免将害虫套在袋内。遇雨季应及时采收果实，以防止裂果。

45. 温室番茄埋茎再生一种三收栽培技术包括哪些关键环节?

番茄喜温,通过日光温室满足番茄对温度、湿度、光照等条件的要求,可以实现埋茎再生栽培,达到 1 次栽植、3 次收获的效果。该技术的关键环节如下。

(1)施足基肥,高畦定植 番茄埋茎再生栽培生长期长,定植前要施足基肥,每 667 平方米施腐熟有机肥 5 000～7 000 千克,过磷酸钙 30 千克,尿素 20 千克,深耕细耙,南北向起垄做高畦。起垄前,床土用 25%多菌灵进行土壤消毒,每 667 平方米沟施腐熟饼肥 100～120 千克。在 9 月下旬至 10 月上旬选择晴天定植,株距 30～33 厘米,每 667 平方米栽 3 800～4 000 株,定植后浇水定根。全畦覆盖地膜,定植前覆盖棚膜。

(2)定植后管理 定植后 5～7 天浇缓苗水,控水蹲苗。白天温度一般控制在 25℃～28℃,夜间在 15℃～18℃,夜间最低温度不得低于 10℃。第一穗果坐住后,随水追施磷酸二铵或硫酸钾。开花期喷番茄灵防落果;结果期和果实膨大期喷 0.5%磷酸二氢钾或 50～100 毫克/千克硫酸锌或硼酸溶液,以提高坐果率,促进果实膨大。埋茎再生栽培前行单干整枝,用尼龙绳吊架绑蔓,留 3 穗果摘心。

(3)埋茎再生 温室番茄栽培于 12 月下旬至翌年 1 月上市,春节前第一次采收期结束,进入再生栽培阶段,一般可进行 2 次再生栽培。第一次在春节前果实采收完后,解除吊绳,选留健壮植株,去掉老叶,在原垄中央开沟将番茄老茎埋入土中,埋茎时注意调整方向,使预留侧枝在田间均匀一致,并培好垄,以便于浇水。5 月中下旬第二次果采收后,按第一次再生栽培方法进行第二次再生栽培。

(4)**再生期管理** 埋茎后外界气温逐渐回升，由于再生番茄根系庞大，植株生长迅速，埋茎后40～45天再生番茄即可采收上市。其栽培管理应抓好以下5项工作：①摘除侧芽。埋茎后选留健壮植株，及时摘除多余侧芽。②增施有机肥。埋茎后在原浇水沟内开沟施入粪肥、磷肥、钾肥等肥料，施肥后浇水。③协调好营养生长和生殖生长的关系。摘除番茄初期花蕾；每隔6～7天喷1次糖、氮液，促进营养生长；植株生长旺盛后，保留花穗坐果。④预留结果枝。每次最后一穗果坐住后，选留1～2个健壮侧枝培养结果枝，可使再生番茄尽早上市。⑤及时防治病虫害，以保证植株健壮生长。

46. 温室番茄有机生态型无土栽培技术包括哪些关键环节？

(1)**设施条件** 一是栽培槽。温室内北边留80厘米做走道，南边留30厘米，用砖垒成内径宽48厘米的南北向栽培槽，槽边框高24厘米(平放三层砖)，槽距72厘米。为防止渗漏并使基层与土壤隔离，槽基部铺一层塑料薄膜，膜边用最上层的砖压紧即可。膜上铺3厘米厚的洁净河沙，沙上铺一层编织袋，袋上填栽培基质。二是灌水设施。在温室内可建一个蓄水池，外管道用金属管，棚内主管道及栽培槽内的滴灌带均可用塑料管。槽内铺滴灌带1～2根，并在滴灌带上覆一层窄塑料薄膜，以防止滴灌水外喷。三是栽培基质。有机质的原料为玉米秸、菇渣、锯末等，使用前15天基质堆20～25厘米厚，喷湿盖膜堆放以消毒灭菌，并加入一定量的无机物如沙子、炉渣等。寿光市混合基质采用煤矸石、锯末、玉米秸为1∶2∶2。1立方米基质中再加入2千克有机无土栽培专用肥和10千克经消毒的鸡粪,混匀后即可填槽。每茬作物收获后可进行基质消毒,基质更新年限一般为3～5年。

(2)**实施无土育苗** 我们采用189、粉安娜进行有机无土栽培,这两个品种均具有较好的耐低温、耐弱光性和丰产、抗病性强的优点。采取人工无土穴盘育苗法,即先按草炭与蛭石的比例为3∶1配好基质,1立方米基质中再加入5千克消毒鸡粪和0.5千克蛭石复合肥,混匀后填入72孔吸塑盘,每孔播1粒种子,上覆蛭石1厘米,盘下用塑料薄膜与土壤隔开。出苗前温度保持25℃～30℃,出苗后白天温度为22℃～25℃,夜间为10℃～15℃。苗盘保持湿润,约经30天,幼苗具3～4片真叶时可出盘定植。

(3)**定植** 番茄定植前先将基质翻匀整平,每个栽培槽内的基质进行大水淹灌,使基质充分吸水,水渗下后番茄按每槽2行调角扒坑定植,基质略高于苗坨;株距为30厘米,每667平方米定植3 000株。栽后轻浇浅浇水,以利于基质与根系密接。

(4)**定植后的栽培管理技术** 主要抓好以下5个环节:①肥水管理。番茄有机无土栽培时,浇水宜根据植株的形态、外界气候等情况进行。一般定植后每隔5天浇1次水,保持根际基质湿润,不可使植株过旺徒长,也不能控成"小老苗"。坐果后勤浇水,一般晴天上午、下午各浇1次水,时间均为15～20分钟,阴天可视具体情况少浇或不浇。追肥一般在定植后20天开始,此后每隔10天追1次肥,每次每株追施番茄专用肥10～15克。坐果后7天追1次肥,每次每株施25克,肥料均匀地撒在离根5厘米处,即可随滴灌水渗入基质;也可将肥料掺入基质,不可接触根部,以免发生肥害损伤植株。针对温室内二氧化碳气体亏缺的情况,可于棚内进行二氧化碳气体追肥，以增强番茄的抗逆性，提高产量。②温度、光照管理。番茄定植后，白天温度应保持 22℃～25℃，夜间保持 10℃～15℃；坐果后提高温度，白天保持 25℃～28℃，夜间保持 12℃左右。深冬季节棚温可短时达到 30℃，不可通大风降温，以防止温度过低。严冬过后，恢复正常温度管理。番茄喜光性强，在整个栽培期间，只要保证正常的室温，不过分降低棚内温度，应早揭晚盖草苫，尽量让植株多见光。③吊蔓与整枝打杈。番茄 6～7 片叶时，用塑料绳吊蔓，保持植株直立生长。采用单干整枝，即只留轴生长结果，摘除全部叶腋内的侧枝。为保证植株生长健壮，打杈应在侧枝 10～15 厘米长时进行。④保花、保果与疏果。温室栽培番茄，湿度大，温度低，不易受精结果。可于上午 7～9 时用 10～15 毫克/千克 2,4-D 溶液或 25～35 毫克/千克番茄灵溶液蘸花，以提高坐果率。为确保果实均匀一致和果实的优良品质，每穗果应保留 3～4 个果，其余畸形花果、小花果应及时疏除，以免消耗养分。

(5)采收 果实自熟期后即可准备采收上市。如需长途贮运，应根据贮运时间在果实自熟期用 1 000 毫克/千克的乙烯利催熟或不催熟采收。采收时去掉果柄，以防止运输中把果实扎坏。

47. 日光温室番茄全年一大茬栽培技术包括哪些关键环节？

日光温室番茄全年一大茬栽培，包括早春、越夏和秋延后三个阶段，提早和延后采果上市，采果期均为鲜果上市淡季，经济效益十分显著。该栽培技术包括以下关键环节。

(1)品种选择 适宜一大茬栽培的番茄品种必须具备以下条件：耐低温、耐高温、抗病、再生能力强。试验证明：无限生长型的品种适于全年一大茬栽培，目前最具有代表性的品种是毛粉802、齐粉和189。

(2)**培育壮苗** 12月上旬播种。播前进行种子消毒，用1%高锰酸钾溶液浸泡10分钟，使种子表面的病菌失去活性，然后浸种催芽。苗床配制营养土，并进行药剂处理，浇透水后均匀撒播种子，覆盖细土0.5～1厘米厚。注意保持苗床湿润，温度保持在25℃～30℃，5～7天出苗。出苗后揭开通风口，白天保持在20℃～25℃，夜间保持在12℃～14℃，控制苗旺长。苗出齐后及时疏苗间苗，待苗具4～5片真叶时定植，苗龄40天左右。

(3)**定植** 第二年2月上旬定植。定植前10～15天扣棚提温。扣棚后及时将地深翻整平，结合整地每667平方米施经高温沤制的鸡粪5 000千克，氮、磷、钾复合肥100千克，钙肥100千克，浇透水后培高垄。采用大小行种植，大行距80厘米，小行距40厘米，垄高20厘米，每垄2行，每667平方米栽4 000株左右。

(4)**早春管理** 定植后闭棚提温，以促进缓苗。缓苗后白天温度保持在25℃～28℃，夜间保持在12℃～15℃。缓苗后浇1次小水，以后见干见湿，小水勤浇。单干整枝，留4穗果，每穗留果3～4个，及时吊绳吊架。坐果后结合浇水追肥2次，每次每667平方米施氮、磷、钾复合肥15～20千克。花期用2,4-D溶液涂抹花柄以提高坐果率。有条件的地区应采用熊蜂授粉。此期注意加强对晚疫病、早疫病和叶霉病的防治。开花后50天开始采收第一穗果。

(5)**越夏管理** 立夏后加强通风，5月下旬将棚前脸薄膜撤掉，进行昼夜大通风。番茄第四穗果开花后摘心，其后再选留2条健壮的侧枝，每条侧枝留2穗果。此时因植株伸长，进行 1 次落蔓，将下部弯曲盘茎，以保持植株占有适度空间。侧枝开花坐果后进入炎热的夏季，为确保安全越夏，在棚膜上加盖银色遮阳网降温，一般可降低 3℃～5℃。8 月中旬撤除遮阳网。8 月下旬再次进入果实收获期。此期应加强对病毒病和棉铃虫的防治。

(6)秋延后管理 9 月下旬至 10 月上旬，越夏期果实即将采收完毕，植株下部的潜伏芽开始萌发，选择两条长 10～15 厘米健壮新枝，其余摘除。待两枝长至 25～30 厘米时摘掉新枝 2/3 高度的叶片，使其弯向地面，用土压住，顶端露出 2～3 片叶，所需新枝全部固定后浇水，压土部位很快长出大量的根。果实全部采收后立即将老植株距新枝 3 厘米处去掉，以促新枝生长，同时去掉 1 条长势弱的新枝，并整理好旧架，将保留的一条新枝作为番茄第三次结果的新植株重新吊架。新植株培成后，天气转冷，将棚前脸膜重新盖上，白天棚温控制在 25℃～28℃，夜间控制在 10℃～12℃。加强肥水管理，12 月中下旬第三次进入果实收获期。为延长采收时间，可采取活棵挂果保鲜，延长采收期，即果实进入绿熟期后，调整棚内小气候，使其处于适当的低温状态，使果实不发生冷害，这样可保鲜 20～30 天，从而延长果实上市供应期。此期应加强对晚疫病、白粉虱和美洲斑潜蝇的防治。

48. 番茄栽培中如何使用萘乙酸？

萘乙酸为广谱性植物生长调节剂，可促进细胞分裂，诱导形成不定根，增加坐果，改变雌雄花比率等。萘乙酸主要经由植物叶片、嫩枝表皮、种子进入植物体内，随营养液流输导到起作用的部位。商品剂型有 70％萘乙酸钠盐（易溶于水）、10％液剂等。在番茄生产中使用萘乙酸可以收到很好的效果。

(1)**播前浸种**　育苗前，用5～10毫克/千克萘乙酸药液浸种10～12小时，之后用清水冲洗干净播种，经催芽播种的种子出苗后幼苗整齐、健壮，抗寒性增强，还可防番茄疫病的发生。

(2)**苗床使用**　番茄出苗后，如果幼苗生长细弱，叶片发黄时，用5～7毫克/千克萘乙酸药液全株喷洒1次，幼苗即可恢复正常生长。中后期，当苗床内的温度为26℃～28℃时，用5～7毫克/千克萘乙酸药液喷洒1次尤为必要，可防治番茄早疫病的发生。

(3)**定植前后使用**　番茄定植前6～7天，用5毫克/千克的萘乙酸溶液喷洒1次，不仅能促长、壮棵，而且可促进早现蕾。定植缓苗后每10～15天喷洒1次5毫克/千克的萘乙酸药液，共喷2次，可防治早疫病、病毒病的发生。

(4)**盛果期使用**　番茄幼果生长到鸡蛋大小时，用10毫克/千克的萘乙酸药液全株喷洒1次，连喷2次，可促进果实膨大，使果肉增厚，含糖量增加，从而提高番茄品质。

(5)**后期使用**　无限生长型的番茄，在结果后期，用10毫克/千克萘乙酸药液全株喷洒1次，可防止植株早衰，延长采收期，提高产量。

番茄整个生育期(除浸种外)喷洒萘乙酸溶液5～6次，可增加产量15%左右。

三、番茄优良品种与栽培要点

49. 百利大红番茄有什么特点？其栽培技术要点是什么？

百利大红番茄是从荷兰瑞克斯旺(RIJK ZWAAN)引进的优良品种。

(1)特征特性 无限生长型。长势旺盛，坐果率高，丰产性好，耐热，在高温、高湿条件下能正常坐果。果实大红色，圆形。单果重 180～200 克。色泽鲜艳，口味极佳，无裂纹、无青肩现象。质地硬，耐运输，耐贮藏，适合于出口和外运。抗烟草花叶病毒病、枯萎病等。适宜北方日光温室越夏栽培或南方露地栽培。

(2)栽培要点 一是栽培方式。越夏栽培，5 月底至 6 月初育苗，6 月底至 7 月初定植。每 667 平方米保苗 1 900～2 000株，株距 45 厘米，行距 75 厘米。二是环境调控。一般白天温度控制在 26℃～30℃，夜温在 20℃～24℃。越夏季节为了降低棚内温度和光照，可在棚膜上加盖遮阳网。通过地面覆盖、滴灌或暗灌、通风排湿、温度调控等措施，尽可能把棚室内的空气相对湿度控制在适宜范围内。三是肥水管理。定植前施足基肥，每 667 平方米施腐熟优质鸡粪 4 500 千克、过磷酸钙 50 千克、三元复合肥 60 千克(氮、磷、钾含量各 15%)。缓苗后抓紧中耕松土，划土保墒。浇“过膛水”，浇水后及时中耕。当每穗果长到鸡蛋大小时，结合浇水，每 667 平方米追施钾宝2～3 次，每次 8～10 千克，以后每坐住一穗果追肥 2～3 次，保持土壤干湿度均匀。此外，每隔 10～15 天叶面追肥 1 次，可喷 0.3%磷酸二氢钾、尿素等。四是植株调整。单干整枝。主枝留6穗果去顶，然后留侧枝继续生长，侧枝留果4～6穗去顶。或主枝第五至第六个花序出现后，留2～3片叶去顶，第一穗留果3～4个，第二穗以上留果4～5个。开花后需用20毫克/千克2,4-D或防落素加5毫克/千克赤霉素混合液蘸花保果。五是病虫害防治。一定要按照“预防为主，综合防治”的原则，在病害发生前，及早地进行有针对性的防治，按照病害发生时间，每隔10～15天高质量地预防1次。

50. 佩坦赞串收番茄有什么特点？其栽培技术要点是什么？

佩坦赞串收番茄从荷兰安莎种子集团公司(ENZA ZADEN)引进。

(1)特征特性 无限生长型。植株生长势中等，高温和低温条件下坐果能力较强。花序整齐规则，每序留果6～8个，可整序采收。单果重100～120克。果实近圆形，熟果亮红色，整齐诱人。果实硬度好，货架期长。抗病性强，抗烟草花叶病毒、黄萎病、枯萎病。适宜保护地或露地栽培。

(2)栽培要点 一是栽培方式。秋冬季栽培，7月下旬至8月上旬育苗，以穴盘育苗，9月下旬定植，赶在元旦前上市。早春栽培，11月中下旬至12月上旬育苗，翌年1月中旬至2月上旬定植。每667平方米100株左右，高垄双行，畦面宽100厘米左右，畦高15厘米，株距40～50厘米。二是环境调控。白天生长的适宜温度为20℃～25℃，夜间为13℃～17℃；日温最高界限是35℃，夜温最低界限是5℃。在整个生育期，要尽量创造较长时间的20℃～25℃日温和13℃～17℃夜温，并要根据不同生育阶段进行适当调整。覆盖长寿无滴膜，及时清扫棚膜上的草和杂物。尽量早揭晚盖草苫。三是肥水管理。第一穗果实膨大前严格控制浇水，以防止徒长。如特别干旱，可在膜下轻浇暗水。当第一序果如核桃大小，第二序果如蚕豆大小，第三序果花蕾刚开花时，开始浇水施肥，每隔 10～15 天浇 1 次；并结合灌水冲施尿素或磷酸二铵，每 667 平方米每次施 10～15 千克。浇水后，白天加强通风，尽可能降低温室内空气湿度。四是植株调整。当植株高达 15 厘米时，及时用尼龙绳吊蔓。实行单干整枝，第六至第八穗花上方留 2 片叶摘心。每穗留果 5～8 个。用番茄灵处理花朵，使用浓度为 25～50 毫克/千克。五是病虫害防治。在整个生长季节中，均须注意防治叶霉病、晚疫病、灰霉病和温室白粉虱、美洲斑潜蝇等。

51. 耐莫尼塔大红番茄有什么特点？其栽培技术要点是什么？

耐莫尼塔大红番茄从以色列尼瑞特种业(ISRAEL NIRIT SEEDS Co. LTD)引进。

(1)特征特性 无限生长类型。植株生长旺盛，高温、低温下连续坐果能力强，极具高产品质。单果重 160～200 克。抗黄萎病、花叶病和根结线虫病。适宜根结线虫高发区早春、秋延迟和深冬栽培。

(2)栽培要点 一是栽培方式。秋延迟栽培，6 月下旬至 7 月上旬育苗，8 月下旬定植。越冬栽培，9 月上旬育苗，10 月下旬定植。早春栽培，11 月中下旬至 12 月上旬育苗，翌年 1 月中旬至 2 月上旬定植。以穴盘育苗。按大行距 100 厘米，小行距 80 厘米起垄。按株距 40 厘米挖坑栽苗，每 667 平方米定植 1 600～1 800 株。二是环境调控。定植初期，白天温度控制在18℃～22℃，晚上15℃以上；缓苗后，白天温度控制在20℃～24℃，晚上8℃～15℃；开花结果期白天温度控制在22℃～26℃，夜温为10℃～15℃。缓苗期要封闭保湿，一般不进行通风。结果前期，室内空气相对湿度白天控制在65％，夜间控制在85％，保持叶面不形成水膜为宜，早晚可通顶风，一般0.5～1小时，当外界气温稳定在12℃以上时可昼夜通风排湿，特别是阴雨天适当通风排湿。三是肥水管理。从定植至第一穗果坐住，施1次提苗肥，每667平方米施绿国宝生物复合肥15～20千克，浇小水1～2次。从第一穗果至第五穗果坐住，约每隔15天随水施肥1次，每次随水冲施绿国宝10～15千克。果实采收期间15～20天随水追肥1次，每次每667平方米追施白加黑冲施肥10～15千克。四是植株调整。第一个花序开花后及时搭架，用尼龙绳吊蔓。单干整枝，每株留6～8穗果，每穗留5～6个果。花期用25～30毫克/千克防落素喷花，以提高坐果率。五是病虫害防治。高温季节，易发生番茄花叶病毒病和烟草花叶病毒病。低温季节易引起叶霉病、早疫病、晚疫病等真菌病害的发生。注意采用相应的药物及早防治。

52. 罗曼娜卵形番茄有什么特点？其栽培技术要点是什么？

该品种由寿光市西方种子连锁店从荷兰维特国际种业有限公司引进。

(1)特征特性 属无限生长类型的一代杂交早熟品种。果呈卵形，大红，单果重100～120克。无筋腐果、畸形果和空洞果。可成串采摘。果实商品性能好，风味佳，口感好。货架期为3周。耐热，抗裂，抗烟草花叶病毒病、枯萎病和根结线虫病。适宜早春大棚或秋延迟、越冬温室栽培。

(2)**栽培要点** 一是栽培方式。秋延迟栽培,6月中旬至7月上旬育苗,8月下旬定植。越冬茬9月上旬育苗,10月下旬定植。早春栽培,11月中下旬至12月上旬育苗(用穴盘育苗),翌年1月中旬至2月上旬定植。按大行距100厘米,小行距75厘米起垄。按株距40厘米栽苗,每667平方米定植2 000～2 200株。二是环境调控。定植后至缓苗前,一般要保持高温缓苗,白天温度为27℃～30℃,夜间为15℃～17℃;缓苗后,白天为25℃～28℃,夜间为12℃～14℃;开花结果期白天温度为25℃～26℃,夜间为15℃～17℃。白天空气相对湿度控制在50%～65%。控制湿度的主要措施是膜下暗灌和通风换气。三是肥水管理。定植后至缓苗前一般不再浇水,缓苗后至开花前应尽量少浇水,以防止徒长;此期间尽量少施肥,苗弱时施1次提苗肥,每667平方米施绿国宝生物复合肥10～15千克。开花结果后应加大肥水供应,每隔15天左右随水施肥1次,每667平方米追施磷酸二铵或复合肥5～10千克。果实采收期间15～20天随水追肥1次。每次每667平方米追施绿国宝冲施肥10～15千克。四是植株调整。及时搭架,用尼龙绳吊蔓。采取单干整枝,每株留6～8穗果,每穗果留5～8个果。施用2,4-D保花保果。使用时先根据2,4-D的说明书配好药液浓度,然后加入红广告色做标记,避免重复蘸花造成畸形果。五是病虫害防治。加强对病毒病、晚疫病和蚜虫的防治。

53. 齐粉番茄有什么特点?其栽培技术要点是什么?

该品种从以色列泽文公司(ZERAIM GEDERA)引进。

(1)**特征特性** 无限生长型,中早熟,长势中等。叶子稀疏,叶片较小。果实高圆球形,皮厚而坚韧,耐贮运。成熟果粉红色，着色一致。果型大，单果重 200～350 克。对病毒病、叶霉病和枯萎病有较强抗性。耐低温、弱光性好，适宜冬春季南方大棚和北方秋延迟、越冬和春季保护地栽培。

(2)**栽培要点**　一是栽培方式。秋冬季栽培，7 月中旬至 8 月上旬育苗，9 月中下旬定植，赶在元旦前上市。越冬栽培，9 月上旬育苗，10 月下旬定植，春节前上市。早春栽培，11 月中下旬至 12 月上旬育苗，翌年 1 月中旬至 2 月上旬定植。以穴盘育苗。栽培行距 75 厘米，株距 35～40 厘米，每 667 平方米可种植 2 200 株左右。二是环境调控。定植初期，需要一定的高温，白天温度控制在 25℃～28℃，夜温不低于 16℃。缓苗后至开花坐果期白天温度为 20℃～25℃，夜温不低于 15℃，以利于开花坐果。结果期白天温度在 25℃～27℃，夜温在 13℃～15℃。尽量避免空气相对湿度过大，其主要方法是控制浇水及采取膜下灌溉，避免水分蒸发量过大。三是肥水管理。定植至第一穗果坐住，施 1 次提苗肥，每 667 平方米施纳米缓(控)释专用复混肥 40～50 千克，浇小水 1～2 次。第一穗果至第五穗果坐住，约每 15 天随水施肥 1 次，每次每 667 平方米追施绿国宝冲施肥 8～10 千克。在果实采收期间，每隔 15～20 天随水追肥 1 次，每次每 667 平方米追施白加黑冲施肥 10～15 千克。四是植株调整。及时吊线防止倒秧。行单干整枝，去除侧枝。每株留 5～8 穗果，每穗留果 3～5个。在棚内湿度较小的情况下，振动花架，采取人工授粉。若夜温低于 10℃，则需考虑采用防落素或 2,4-D 进行处理。五是病虫害防治。整个生育期内注意加强对生理病害的防治。

54. 粉安娜番茄有什么特点？其栽培技术要点是什么？

该品种从法国 CRIFFATON 公司(CRIFFATON PRODUCTEUR GRAINIER)引进。

(1)特征特性 无限生长型。长势旺而稳健。开花数量多,容易坐果,结果可达 15～20 穗。单果重 200～250 克。果形较圆滑,粉红色,色泽漂亮。果肉厚,果实坚硬不易空心,耐贮运,可与一般厚红果相媲美。可做越冬和早春茬栽培。

(2)栽培要点 一是栽培方式。越冬栽培,8 月下旬至 9 月上旬育苗,10 月中下旬定植,春节前上市。早春栽培,11 月中下旬至 12 月上旬育苗,翌年 1 月中旬至 2 月上旬定植。用穴盘育苗。采取大小行、小高畦方式。即南北向畦,大行距 80～90 厘米,小行距 60～70 厘米。每畦栽 2 行,株距 45～50 厘米,每 667 平方米定植 1 800～2 000 株。二是环境调控。定植初期白天温度控制在 25℃～28℃,夜温不低于 16℃。缓苗后至开花坐果期白天温度控制在 20℃～25℃,夜温不低于 15℃,有利于开花坐果。结果期白天温度为 25℃～27℃,夜温为 13℃～15℃。空气相对湿度为 50％～65％,土壤持水量为 65％～85％,忌大水漫灌,宜小水勤浇。室温达到 28℃时,开始通风降湿。三是肥水管理。定植前施足基肥,每 667 平方米施腐熟优质鸡粪 4 000 千克,过磷酸钙 30 千克,三元复合肥 100 千克。定植后浇 1 次缓苗水,之后适当控水。当第一穗果坐住并开始膨大到直径 3 厘米时浇促果水,并随水冲施狮马复合肥 10～15 千克。以后不旱不浇,根据生长情况,可每隔 15～20 天浇 1 次水,深冬季节采用膜下暗灌,其余时间大小畦齐浇。追肥应掌握每收 1 穗果追 1 次肥,以磷酸二铵、尿素、硝铵交替施用为好,每次每 667 平方米施 15～20 千克，并配合施用适量的硫酸钾。结果后期用0.3%～0.5%磷酸二氢钾和0.1%～0.2%尿素结合蔬菜灵等进行叶面喷肥。四是植株调整。在第一花序开花时进行吊蔓。单干整枝，侧枝全部去掉。一般每株只留7～10个果穗，第一、第二果穗留3～4个果，第三穗果以后的果穗留4～6个果。用20～40毫克/千克防落素在花刚开放的当天上午进行喷花或蘸花。五是病虫害防治。在整个生长季节中，注意预防晚疫病、灰霉病、蚜虫、白粉虱和美洲斑潜蝇等。

55. 欧拉玛黄皮卵形番茄有什么特点？其栽培技术要点是什么？

该品种从荷兰维特国际种业有限公司引进。

(1)特征特性 属无限生长类型一代杂交品种。黄色果，果呈卵形，单果重100～120克。无筋腐果、畸形果和空洞果。每穗挂果6～8个，可成串采摘。果实商品性能好，风味佳，口感好。货架期3周。耐热、抗裂。抗烟草花叶病毒病、蕨叶病毒病、枯萎病和根结线虫病。适宜早春大棚或秋延迟、越冬温室栽培。

(2)栽培要点 一是栽培方式。秋延迟栽培，6月下旬至7月上旬育苗，8月中旬定植。越冬茬9月上旬育苗，10月下旬定植。早春栽培，11月中下旬至12月上旬育苗，翌年1月中旬至2月上旬定植。用穴盘育苗。按大行距100厘米，小行距75厘米起垄。按株距40厘米栽苗，每667平方米定植2 000～2 200株。二是环境调控。定植后提高室内温度以促进缓苗，草苫要晚揭早盖不通风。白天温度超过30℃时，要回苫遮荫。缓苗后白天适宜温度为25℃～28℃，夜间为15℃～17℃；开花结果期白天为22℃～26℃，夜间为13℃～

15℃。采用透光性好的无滴膜，保持膜面清洁，日光温室后部张挂反光幕。夏秋季节适当遮阳降温。三是肥水管理。定植前施足基肥，每667平方米施7000千克优质农家肥和50千克复合肥。定植缓苗后轻浇1次缓苗水，以后适当控水。当第一穗果坐住并开始膨大到直径3厘米时浇促果水，并随水冲施硫酸钾复合肥15千克，以后不旱不浇，根据生长情况，可每15～20天浇1次水，深冬季节采用膜下暗灌，其余时间大小畦齐浇。追肥应掌握每收一穗果追1次肥，以磷酸二铵、尿素、硝铵交替使用为好，每次每667平方米15～20千克。结果后期可用0.3%～0.5%磷酸二氢钾和0.1%～0.2%尿素配合蔬菜灵等进行叶面喷肥。四是植株调整。及时搭架，用吊绳吊蔓。单干整枝，每株留6～8穗果，每穗果留6～8个果。选用番茄灵保花保果。番茄灵的适宜浓度为25～50毫克/千克，配好后将开有5～8朵花的花穗在药液中浸蘸一下，然后用小碗接住从花序上流下来的药液。五是病虫害防治。加强对晚疫病、灰霉病和温室白粉虱的防治。

56. 阳光樱桃番茄有什么特点？其栽培技术要点是什么？

该品种从荷兰安莎种子公司(ENZA ZADEN)引进。

(1)特征特性 无限生长型，植株长势旺盛，株型紧凑。果实圆形，熟果深红色，硬实，风味佳。每序花可结果20～22个。平均单果重15～20克。丰产性好。耐裂果。抗花叶病毒病、叶霉病、枯萎病、银屑病和根结线虫病。适合保护地栽培。

(2)栽培要点 一是栽培方式。秋冬栽培，7月中旬至8月上旬育苗，9月下旬定植。越冬栽培，9月上旬育苗，10月下旬定植。早春栽培，11月中下旬至12月上旬育苗，翌年1

月中下旬至2月上旬定植。用穴盘育苗。做畦或起垄栽培，行距70～90厘米，株距30～40厘米，每667平方米定植2 500～3 000株。二是环境调控。定植至缓苗期间为了促进缓苗，温度可适当高些，白天温度可以达到30℃。缓苗以后至结果前，白天适宜温度为22℃～25℃，夜间为13℃～15℃。进入结果期白天温度为22℃～28℃，夜间为15℃～18℃。整个生长发育期间比较适宜的地温是20℃～25℃，尽量不低于15℃。通过合理浇水及通风换气，使棚室内空气相对湿度达50％～65％，土壤湿度达65％～85％。三是肥水管理。定植前施足基肥，每667平方米施腐熟鸡粪与优质圈肥5 000千克，或烘干鸡粪1 500～2 000千克，复合肥50千克，尿素10千克，普钙100千克。为促进缓苗，以提高地温、棚温为主，适当控制水分。缓苗后再起垄，同时追施磷酸二铵浸出液，并通风调节温度。初花期适当控制水分，以防止徒长。当第二和第三花序结果时，结合追氮、磷、钾复合肥，各浇1次水，也可冲施腐熟饼粕水，以提高果实糖度。四是植株调整。单干整枝。每株留6～10穗果，每穗留果18～22个。同时注意拉线吊蔓。用10毫克/千克2,4-D溶液逐个点花保果。为防止重复点花，可在2,4-D溶液中加入适当的红墨水。五是病虫害防治。阳光樱桃番茄易发生晚疫病、灰霉病等，虫害有蚜虫、白粉虱、蓟马等。应注意选用相应的生物农药或低毒农药及早防治。

57. 金珠樱桃番茄有什么特点？其栽培技术要点是什么？

该品种从台湾农友种苗公司引进。

(1)特征特性 植株高达3米以上。叶微卷，叶色浓绿，早生。播种后75天即可采收。结果力非常强，每个花穗可结

16个果左右，每株可结500个果以上。果实圆形，果色橙黄亮丽，风味甜美。单果重16克左右。果实稍硬，裂果少。

(2)栽培要点 一是栽培方式。秋冬茬栽培，7月下旬至8月上旬育苗，9月下旬定植，赶在元旦前上市。用穴盘育苗。每畦实行双行定植，小行60厘米，株距40厘米，每667平方米定植2000株。二是环境调控。定植后至缓苗前，一般要保持高温缓苗，白天气温为28℃～30℃，夜间为15℃～18℃；缓苗后，白天保持23℃～27℃，夜间保持12℃～15℃。开花结果期，白天保持22℃～26℃，夜间保持10℃～15℃。采用透光性好的耐候功能膜，冬春季节保持膜面清洁，白天揭开保温覆盖物，日光温室后部张挂反光幕，草苫要早拉晚盖，尽量增加光照强度和时间。三是肥水管理。定植前施足基肥，每667平方米施腐熟鸡粪4500千克或烘干鸡粪1500～2000千克，复合肥60千克，尿素10千克，普钙80千克。定植时浇足定植水，3～5天后浇缓苗水，而后进行蹲苗。第一穗果坐住后随水追肥，每667平方米追施尿素15千克，过磷酸钙15千克。每穗果坐住后均需随水追肥，追肥量和追肥种类同第一次追肥。每隔7～10天浇1次水，浇水后要通风排湿。四是植株调整。当植株长至30～40厘米时，应插杆缚蔓或吊线牵引。侧枝生长力强，可采用多层加连续2层摘心整枝，即保留主干上的花序，留下主干上萌发的侧枝，每个侧枝留2个花序，然后在花序上留2片叶摘心。用2,4-D溶液涂抹刚开放的花萼及花柄(加入红广告色做标记)，或将开放较为整齐的花序整序在2,4-D溶液中蘸一下。五是病虫害防治。金珠樱桃番茄主要病害有灰霉病、晚疫病等；虫害主要有甜菜夜蛾和蚜虫，均须注意及时防治。

58. 千禧樱桃番茄有什么特点？其栽培技术要点是什么？

该品种从台湾农友种苗公司引进。

(1)特征特性 早熟，属无限生长类型。生育性及抗病性强。生育期 75 天。果桃红色，椭圆形，单果重约 20 克。糖度高达 9.6%，风味佳，不易裂果。每穗结 14～31 个果，高产。耐凋萎病，高抗根结线虫，耐贮运。适合越冬和早春栽培。

(2)栽培要点 一是栽培方式。越冬茬栽培，9 月上旬育苗，10 月下旬定植，春节前上市。早春栽培，11 月中下旬至 12 月上旬育苗，用穴盘育苗。按宽行 60 厘米、窄行 55 厘米、株距 35 厘米定植，每 667 平方米栽 2 100～2 300 株。二是环境调控。定植初期，需要一定高温，白天温度控制在 25℃～28℃，夜温不低于 16℃。缓苗后至开花坐果期白天温度为 20℃～25℃，夜温不低于 15℃，有利于开花坐果。结果期昼温 25℃～27℃，夜间温度 13℃～15℃。夜温低于要求温度时，应增加覆盖物。经常擦拭棚膜以提高透光率，草苫要早拉晚盖。可剪掉老叶、病叶、黄叶，以利于通风透光。三是肥水管理。定植前每 667 平方米施腐熟鸡粪与优质圈肥 5 000 千克，或烘干鸡粪 1 500～2 000 千克，复合肥 40 千克，尿素 10 千克，普钙 50 千克。除基肥外，始花至结果期追施速效氮肥 3 次，第一次在定植后 14 天左右，第二次在定植后 35 天左右，第三次在第一次采收后，视植株生长情况确定施肥量，一般每 667 平方米施尿素 7.5 千克左右为宜，以后随着植株长大，施肥宜以叶面喷施为主。对水分要求较高，特别是结果时期，要经常保持土壤湿润，忌大水漫灌，过湿容易引起病害多发，应时常保持适度干湿。四是植株调整。千禧樱桃番茄虽然属无限生长型，但作为经济栽培则不要求它无限生长，而应人为地加以调控，主蔓留 2 穗果后摘心，留下穗果下面之侧芽培养主头，当主头果穗留到 7 层时即给予摘心。在整个结果过程中，要用坐果灵或 2,4-D 进行蘸花，以利于坐果。到结果中、后期可把下部叶剪掉一半，以利于通风和果实转色。五是病虫害防治。千禧具有野生特性，抗病性极好。但须注意防治白粉虱、叶霉病和疫病。

四、保护地番茄的病虫害防治

59. 如何识别与防治番茄早疫病？

(1)症状　该病在幼苗期、成株期均可危害。幼苗期在茎基部产生褐色环状病斑，表现立枯病状。成株期茎、叶、果实都可发病。叶部发病多从下部叶片开始，逐渐向上发展，起初叶片上出现水渍状褐色小点，扩大后形成圆形或不规则形病斑，病斑为褐色至黑褐色，边缘多具浅绿色或黄色晕环，中部具有突起的同心轮纹。潮湿时，病斑上产生黑色霉状物；发病严重时，病斑可相互连接，造成叶枯。叶柄受害，出现椭圆形轮纹斑，深褐色至黑色。茎部多在分枝处发病，病斑稍下陷，灰褐色，椭圆形，轮纹不明显。果实上发病多在果蒂附近，产生圆形或椭圆形直径1～2厘米略微凹陷的病斑，病斑呈现褐色或黑色，具同心轮纹，上面布满黑色霉状物。

(2)发病规律　早疫病菌为半知菌亚门，主要以菌丝和分生孢子随植物病残体在土壤中越冬。干病残体上的病菌可存活1年以上，附着在种子上的病菌可存活2年。播种带菌种子即可侵染幼苗，病菌首先侵染子叶，接着侵染胚轴，并扩展至茎叶。病残体上分生孢子借气流、雨水、灌溉水及农事操作传播，传到植株下部茎叶与果实上。如条件适宜，35～45分钟即可萌发，从气孔、伤口侵入或直接侵入，2～3天即可出现病斑，再经3～4天病斑上又可产生大量分生孢子，再传播危害。

早疫病菌对温、湿度要求不严，在1℃～45℃条件下均可生长，适宜温度为26℃～28℃，空气相对湿度在80%以上分生孢子就能产生与萌发。病害在结果初期开始发病，盛果期进入发病高峰。发病与植株营养关系密切，植株衰弱和叶片光合产物少、糖分下降，最易感病；保护地栽培比露地栽培发病重，早熟品种易发病。此外，番茄连作、密度过大、浇水过多、基肥不足、低洼积水、结果过多等造成环境高湿、植株生长衰弱的，均有利于该病暴发流行。

(3)综合防治 ①种植抗(耐)病品种。②轮作与土壤处理。与非茄科作物轮作2年以上。在不能轮作的情况下，用石灰氮等处理土壤也能减轻病害的发生。③种子处理。应从健康植株上采收种子，若种子带菌，可用52℃热水浸泡30分钟，晾干后催芽播种。④搞好田园卫生。拉秧后及时清除田间的落叶、落果等病残体和发病植株，结合耕翻，搞好田园卫生。⑤加强田间管理。采用高畦栽种，浇水后一定要通风，降低定植地的湿度；合理密植，施足基肥，增施磷、钾肥；培育壮苗，减轻发病。初期发病应摘除病叶，减少发病的侵染来源。⑥药剂防治。发现病株要立即喷药，可选用75％百菌清600倍液，70％代森锰锌可湿性粉剂600倍液，50％甲基托布津可湿性粉剂700～1 000倍液，50％多菌灵可湿性粉剂500～800倍液，25％瑞毒霉剂400～600倍液，64％杀菌矾可湿性粉剂400倍液喷雾防治。为了防止病菌产生抗药性，药剂应轮换使用。

60. 如何识别与防治番茄晚疫病？

晚疫病是一种由卵菌纲真菌引起的严重危害番茄生长的病害。该病只危害番茄和马铃薯。发病严重的田块，植株可在数日内死亡，造成大量减产甚至绝收。在低温、阴雨、露水大、雾大等气候条件下，有利于该病的发生。

(1)**症状**　番茄晚疫病可危害番茄苗、叶、茎和果实，以叶和青果受害为重。幼苗染病，病斑由叶片向主茎蔓延，使茎变细，并且呈黑褐色，致使全株萎蔫或折倒，湿度大时病部表面产生白霉。叶片染病，多从植株下部叶尖或叶缘开始发病，初为暗色水渍状不规则病斑，扩大后转为褐色。高湿时，叶背病健部交界处长出白霉。茎上病斑呈黑褐色腐败状，导致植株萎蔫。果实染病主要发生在青果上，病斑初呈油渍状暗绿色，后变成暗褐色至棕褐色，稍凹陷，边缘明显，云纹不规则，果实一般不变软，湿度大时长少量白霉，迅速腐烂。

(2)**防治方法**　①农业防治。选用抗病品种；合理密植，加强田间管理；与非茄科作物实行 3 年以上轮作。②药剂防治。在番茄发病初期开始喷洒 40%杜邦福星乳油 8 000 倍液，或 72%杜邦克露可湿性粉剂 800 倍液，或 68.75%杜邦易保可湿性颗粒剂 1 500 倍液，或 75%猛杀生干悬浮剂 600 倍液，或 52.2%杜邦抑快净可湿性颗粒剂 3 000 倍液，可达到良好的防治效果。也可用上述药剂掺上泥土混成泥浆涂抹病茎。

61. 如何识别与防治番茄斑枯病?

番茄斑枯病俗称白星病、鱼目斑病，因在结果期引起植株落叶而影响番茄产量。

(1)**症状**　番茄各生育期、地上部分的各部位都能出现症状，但以开花结果期的叶部发病最重。叶片发病先在叶背面产生水渍状小病斑，很快正反两面都相继出现许多病斑，直径为 1.5～4.5 毫米，呈圆形或近圆形；中央灰白色，稍凹陷，边缘深褐色，其上生有黑色小粒点。病斑多时相互接近汇成大枯斑，或病斑组织脱落而形成穿孔。一般植株下部叶片先发病，并自下而上蔓延，严重时中、下部叶片枯黄脱落，仅上部留存少数叶片。茎和果实上的病斑都是褐色，稍凹陷，上生小黑粒点；但茎部病斑椭圆形，果实病斑圆形。

（2）**发病规律** 病原菌生长发育极限温度为15℃～34℃，适宜温度为20℃～26℃；菌丝生长和分生孢子发育适宜温度为25℃，分生孢子器产生适宜温度为20℃～25℃。分生孢子致死温度52℃ 10分钟，当温度为25℃、相对湿度饱和时，病原菌侵入寄主组织仅需48小时。在适宜条件下潜育期只有4～6天，从侵染到产生新的分生孢子器，需要10天左右。连续阴雨天，光照不足，空气潮湿，植株徒长，基肥不足，生长势衰弱等，均有利于斑枯病的发生和危害。

（3）**防治方法** ①种子处理。市购未经处理的种子，播前进行种子消毒；常用50℃热水浸种25分钟，沥水后催芽播种或晾干备用。②苗床或定植田合理轮作。育苗床连用不能超过5年，最好采用新苗床。番茄田应间隔3～4年与非茄科蔬菜轮作。③加强栽培管理。栽培管理包括降低地面湿度、均衡施肥、增施磷钾肥，防止施用未腐熟的农家肥；采取高畦栽培，定植密度合理，搞好栽培地通风透光，促进植株生长，提高抗病力；拉秧时清除残株败叶；铲除田间杂草。④药剂防治。发病初期及时喷药防治，适当选喷75%百菌清可湿性粉剂600倍液，50%多菌灵可湿性粉剂500倍液，50%甲基托布津可湿性粉剂800倍液，58%甲霜灵锰锌可湿性粉剂500倍液，60%杀毒矾可湿性粉剂500倍液或27%高脂膜乳剂80～100倍液等，每隔7～8天喷1次药，连喷2～3次。

62. 如何识别与防治番茄灰霉病？

灰霉病是保护地栽培番茄最主要的病害之一，它喜低温高湿，冬春季棚室内小气候非常适合其发生蔓延。近年来，随着病菌抗药性的增强，防治越来越困难。

(1)**症状** 番茄叶片受害一般先从叶尖开始，病斑呈"V"字形，灰褐色，有轮纹，病斑逐渐扩大，并引起叶片枯死，表面生有少量灰霉。果实染病，初期果皮变白、软腐，后期产生大量灰色霉层，呈水腐状，失水后果实僵化。

(2)**传播途径** 以分生孢子在病残体上，或以菌核在地表及土壤中越冬，成为翌年的初侵染源。棚室或田间靠分生孢子飞散进行传播蔓延，开花后侵染花瓣，再侵入果实引起发病。

(3)**发病条件** 病菌发育适温为20℃，分生孢子及菌核形成适温为15℃～20℃，在7℃～8℃条件下也可产出分生孢子。湿度对此病流行的影响较温度大，如棚内低温高湿、通风不良发病重。

(4)**防治方法** 根据寿光市农业局植保站试验示范推广的经验，对传统防治方法必须进行以下8个方面的改进，才能取得较好的综合防治效果：①摘除花瓣。花瓣和柱头是番茄灰霉病菌最初侵染的部位，随病情逐渐发展到幼果，发病的花瓣落到叶片上，常引起叶片发病。因此，在番茄坐果后应及时摘除残留的花瓣和柱头，以阻断灰霉病病菌的初侵染点。②高温闷棚。通过温、湿度调控，创造一个有利于番茄生长而不利于灰霉病发生的生态环境：上午把棚温提到31℃～33℃，达到34℃时通风。中午通风，使下午温度降至25℃以下，20℃时关闭通风口。夜间保持13℃～15℃。在晴天上午浇水，浇水后立即闭棚提温，33℃以上时闷1小时后通风排湿。③带药喷花。蘸花会加速灰霉病的传播，可采用10～25毫克/千克防落素液进行喷花处理，并在其中加入0.1%灭霉威或特立克。当番茄一个花穗上开有 2～3 朵花时，喷花 1 次；有 50%左右的花朵时再喷 1 次。④浇水前施药。浇水后容易引起病害大发生，烂果严重，因此要先喷药，第二天才能浇水。喷药的重点是花和幼果。⑤带药移栽。幼苗移栽后的缓苗期，植株的抵抗力下降，病菌容易侵染危害，因此，要在幼苗移栽前一天先施用药剂，增强植株的抵抗力。⑥交替施用新型农药。连年施用 50%速克灵、50%扑海因等进口农药，已产生抗药性，应尽量交替使用新型农药，如 28%灰霉克、50%灭霉威、特立克等。⑦喷粉尘剂，可避免喷雾给棚室造成的湿度加大。可选用 10%灭克、5%百菌清、10%杀霉灵或 10%灰霉灵，每 667 平方米每次喷 1 千克，于傍晚喷撒。⑧烟雾施药。遇连续阴雨(雪)天气，可选用 10%速克灵或 45%百菌清进行熏烟，每 667 平方米每次熏 250 克，于傍晚进行。

63. 如何识别与防治番茄菌核病？

(1)症状 地上部叶、茎、果均发病。叶片多从叶缘开始，水浸状，淡绿色，潮湿时长出白霉，后期全叶呈灰褐色枯死。茎部发病，多从病叶叶柄延伸所致，初呈淡褐色水渍状病斑，稍凹陷，扩大后为灰白色，湿度大时病部表面生出白色棉絮状菌丝体，皮层腐烂，后期在茎部表面和茎内髓部产生黑色菌核。病茎干后表皮易破裂。果实发病主要危害未成熟果实，由果柄开始，逐渐扩展至整个果实，病部初呈水渍状，淡褐色，在病部表面生有白色棉絮状菌丝及黑色菌核，病果软腐。

(2)病原 由真菌核盘菌侵染所致。病菌主要以菌核留在土中越冬，菌无休眠期，一般在冬、春季萌发，产生子囊盘及子囊孢子。子囊孢子借气流传播，先侵染衰老的叶片和花瓣，获得营养后，再侵染健部。

(3)**发生规律** 菌核病菌属高湿型，病菌发育的最适温度为20℃左右，最低为0℃。子囊孢子萌发最适温度为5℃～10℃，最低温度为0℃。菌丝不耐干旱，相对湿度85%以上发育良好，湿度在70%以下病害即受到抑制，空气相对湿度为95%～100%时最适宜发病。早春低温，不适宜番茄生长，棚室湿度大，棚膜漏水，排水不良，通风降湿差等均易发病。

(4)**防治方法** ①育苗前清除混在种子中的菌核。②控制棚、室湿度，注意通风。③喷洒杀菌剂。发病初期立即喷药，可选用40%菌核净可湿性粉剂800～1 500倍液，或50%速克灵可湿性粉剂1 500倍液，或50%扑海因可湿性粉剂800倍液喷雾防治。植株茎的基部和地面上应喷洒药液。隔7～8天喷1次，连续喷3～4次。也可用速克灵烟剂在开花前熏烟，每667平方米每次熏400克。

64. 如何识别与防治番茄叶霉病?

保护地栽培番茄受温度、湿度、光照的影响，常常引发叶霉病，造成大量减产，给广大种植户带来严重经济损失。

(1)**症状** 叶片受害，先在叶背面出现圆形或不规则形淡黄绿色病斑，后在病斑上长出灰色至黑褐色的霉层。霉斑多时布满叶背并相互融合。被害叶片正面随着背面病斑的扩大，而逐渐褪绿变黄，直至整张叶片枯黄，严重时正面也长霉斑。叶片发病顺序由下至上，叶片出现卷曲死亡；嫩茎、花、果受害，嫩茎上有梭形黄褐斑，并有黑霉；花部受病菌侵染会出现落花；果实受害，病果表面产生黑色近圆形凹陷硬斑，不能食用。

(2)**病原及传染方式** 该病为真菌性病害，病原为半知菌亚门枝孢属的黄枝孢菌。病菌以菌丝体、菌丝块和分生孢子在病株残体上越冬，越冬后的菌丝体产生大量分生孢子，通过气流传播，经气孔侵入，引起初次侵染。病菌也可以在种子表面或潜伏于种皮内越冬。带菌的种子播种后，幼苗带病从而诱发田间发病，当条件适宜时产生大量分生孢子，借风雨及农事操作造成再次侵染。

(3)**发病规律** 棚室内温、湿度是影响发病的主要因素。在温度为20℃～25℃、空气相对湿度为85%以上时，有利于病菌孢子萌发与侵染，病菌会迅速繁殖。经10～15天，就可使整个保护地内普遍发病，甚至出现大量干枯叶片。当空气相对湿度低于80%、棚内温度较高时，不利于病菌侵染和发展。另外早春棚室遇上连雨天或连阴天，棚室内光照较弱，加之通风不及时，棚室内温暖，湿度大，植株过密、生长过旺，管理跟不上，多年连作等均可诱发叶霉病发生。

(4)**防治方法** ①选用优质无病种子在无病床土上育苗。播种前，将种子放入50℃～55℃热水中浸种30分钟，可减少病害发生。②合理轮作，避免连作。应与非茄科蔬菜如大葱、大蒜、瓜类、豆类等进行2年以上轮作。③棚室消毒。对发病重的大棚，定植前进行消毒处理，每667平方米棚室用硫黄粉1～1.5千克、锯末2～2.5千克混匀，分放多处点燃后密闭熏蒸1个晚上。④加强田间管理，及时清洗棚膜，增强透光率。在生长过程中，及时吊绳、领秧、打杈、摘心，后期打底叶，防止枝叶过密通风不良。注意控制棚室的温、湿度，适当控制浇水，加强通风，降低温、湿度。⑤合理施肥，避免偏施氮肥，增施磷、钾肥，以提高植株抗病能力。发病初期，应及时摘除病叶和老叶。⑥及时喷药防治。常用药剂有2%Bo-10水剂150倍液，75%百菌清可湿性粉剂600倍液，50%多菌灵可湿性粉剂800倍液；常用粉尘剂有10%敌托粉尘剂或5%百菌清粉尘剂，每次每667平方米用量为1千克，每7～8天喷1次。

65. 如何识别与防治番茄灰叶斑病？

(1)**病原及症状** 番茄灰叶斑病由半知菌亚门葡柄霉属茄葡柄霉真菌引起，主要危害叶片、叶柄、花梗、花萼和花瓣，以危害叶片为重，果实少见。发病初期在叶片上产生圆形或不规则形的灰褐色斑点，然后病斑沿着叶脉逐渐扩展呈不规则形，到发病中期叶柄、花梗、花萼、花瓣轻度感染，病斑凹陷、变薄，最后叶片破裂、穿孔，直至全叶干枯、脱落。

(2)**传播途径及发病条件** 灰叶斑病菌主要在土壤中的病残体和种子上越冬，在遇到合适的温、湿度条件时，病菌产生分生孢子，随风、水及农事操作传播。温度为22℃～25℃、空气相对湿度为85％以上时最易发病。连续阴雨天，日照少，土壤和空气湿度大，叶面长时间有水也是发病的重要原因；肥力不足，尤其是缺钾肥、氮肥过多，植株生长势弱、抵抗力差也是发病的原因之一。从田间观察来看，同一感病品种若增施钾肥，注意前期蹲苗，叶片肥厚、老壮、叶色浓绿则不易感病。在适宜条件下，此病传播极快，从发病至全株叶片感染只需2～3天。

(3)**农业防治** ①选用抗病品种。播前用相当于种子量0.3％～0.4％的50％多菌灵或50％福美双拌种。选用叶色浓绿、叶片肥厚、节间短的壮苗。②高垄大小行距定植。大行距0.8～0.9米，小行距0.5～0.6米，畦高30厘米以上，每667平方米定植1 500～1 800株，保证田间通风透光，降低田间湿度。③施足基肥，增施钾肥，以提高植株对灰叶斑病的抗病性。每667平方米施腐熟有机肥3 000～5 000千克、三元复合肥 50～75 千克、过磷酸钙 30 千克做基肥。在植株开花后，每隔 7 天叶面喷施 1 次 0.2%～0.4%磷酸二氢钾液，连喷 4～5 次后改为每 10～15 天喷施 1 次。在第一花穗坐果后加强根部追肥，每 667 平方米每次施尿素 5 千克，磷酸二氢钾 10 千克，每隔 15～20 天追施 1 次。④及时整枝抹芽，保证田间通风。对已发病的植株，可加入 0.2%～0.4%磷酸二氢钾液一起喷施，这样可促进感病植株叶片迅速转绿。及时清除病残体，将收获后的残留植株清出棚外集中烧毁。

(4)药剂防治 感病前可用百菌清(或多菌灵)800 倍＋代森锰锌 600 倍＋硫悬浮剂 800～1 000 倍混合液喷雾，或 57.6%氢氧化铜 1 000 倍液，或 20%噻菌铜 500 倍液喷雾预防。发病后可选择以下配方交替使用：①用 10%苯醚甲环唑(世高)1 500 倍＋硫悬浮剂 800～1 000 倍＋甲基托布津 600 倍混合液喷雾。②用爱苗 3 000 倍＋硫悬浮剂 800～1 000 倍＋代森锰锌 600 倍混合液喷雾。因爱苗具有抑制生长的作用，在病情控制后就不要再施用。③用阿米西达 1 500 倍液喷雾。以上药剂每隔 7～10 天喷 1 次，病情严重时可缩短至 3～4 天喷 1 次，共喷 2～3 次。喷雾时注意叶片正反面均须喷到。

66. 如何防治秋番茄烂果?

(1)绵腐病引起的烂果 绵腐病又叫褐色腐败病，主要侵害未成熟的果实。首先在果顶或果肩部出现表面光滑的淡褐色斑，有时长有少量白霉，后逐渐形成同心轮纹状斑，渐变为深褐色，皮下果肉也变褐，后期整个果实腐烂脱落。

防治方法：及时摘除病果，带出田外处理；注意整枝，改善田间通风透光条件；发病初期，及时喷洒 25%瑞毒霉 800～

1 000 倍液,或 75%百菌清 600～800 倍液,或 70%代森锰锌 400～600 倍液,每隔 7～10 天喷 1 次,连喷 3～4 次。

(2)软腐病引起的烂果 软腐病多发生在青果上,发病后果皮保持完整,但内部果肉迅速腐烂,并有恶臭味,易脱落;干燥后形成白色僵果。

防治方法:早整枝、打杈,避免阴雨天气或露水未干前整枝;及时防治蛀果害虫,减少虫伤;发病前或发病初期,及时用 150～200 毫克/千克农用链霉素溶液或 70%敌克松 1 000 倍液喷雾防治。

(3)炭疽病引起的烂果 炭疽病主要侵害未成熟的果实,病部初生水渍状透明小斑点,扩大后呈褐色,略凹陷,具同心轮纹,其上密生黑点,并分泌淡红色黏状物,最后整个病果腐烂或脱落。

防治方法:适时采收健果,及时摘除病果;发病前或发病初期,及时选用 70%代森锰锌 400～600 倍液,75%百菌清 600～800 倍液,50%多菌灵 800 倍液或 80%炭疽福美 800 倍液喷雾防治。

(4)镰刀菌果腐病引起的烂果 镰刀菌果腐病主要危害成熟果实,病部初呈淡色,后变褐色,无明显边缘,扩展后遍及整个果实;湿度大时,病部密生略带红色的棉絮状菌丝体,最后导致果实腐烂。

防治方法:及时摘除病果,并集中处理;防止健果与地面接触;果实着色前喷洒 50%DT 500 倍液或 36%甲基硫菌灵悬浮剂 500 倍液。

(5)丝核菌果腐病引起的烂果 丝核菌果腐病只危害熟果,病部初呈淡色水渍状,后扩展成暗色略凹陷的斑块,表面产生褐色蛛丝状霉层,后期病斑中心开裂,果实腐烂。

防治方法：防止田间积水；果实成熟后及时采收；发病前或发病初期喷洒5%井冈霉素1 500倍液或1∶1∶200的波尔多液。

67. 如何识别与防治番茄盛果期死棵病害?

番茄盛果期死棵损失很大，是菜农十分头疼的问题。经调查分析，除青枯病外，番茄盛果期死棵的主要原因还有番茄疫霉根腐病、番茄茎基腐病、番茄枯萎病以及番茄细菌性髓部坏死病等病害。各病害造成的死棵症状特点及防治措施如下。

(1)**疫霉根腐病** 发病初茎基或根部产生褐斑，逐渐扩大后凹陷，严重时病斑绕茎基部或根部1周，致顶部茎叶萎蔫，进而全株萎蔫。拔除病株可见细根腐烂，粗根褐变。剖开病根茎，可见从根颈部向上有一段维管束发生褐变，最后根茎腐烂，不长新根，植株枯萎而死。

该病多由于管理失误造成，如定植后地温低，土壤湿度过高，且持续时间长，或遇连阴天不能及时通风，形成高温、高湿条件，尤其是大水漫灌后都会导致该病的发生和流行。

可选用58%甲霜灵锰锌可湿性粉剂500倍液，64%杀毒矾可湿性粉剂500倍液，60%琥乙磷铝可湿性粉剂500倍液，72.2%普力克水剂800倍液，于发病初期喷洒茎基部，并适当喷洒地面。

(2)**茎基腐病** 真菌性病害。仅危害茎基部。发病初期茎基部皮层生有淡褐色及黑褐色斑点，能绕茎基部一圈，致皮层腐烂，后期病部表面常形成黑褐色大小不一的菌核，以此有别于早疫病。剖开病茎基部，可见木质部变为暗褐色。病株叶片变黄、萎蔫，后期叶片为黄褐色并枯死，且残留在枝上不脱落。拔出病株，根系并不腐烂。

发病后可在茎基部施用恶霉灵加萘乙酸药土，在病株基部覆堆，把病部埋上，促其在病斑上方长出不定根，可延缓寿命，争取产量。

(3)**枯萎病** 发病初期，中下部叶片在中午前后萎蔫，而早晚可恢复，以后萎蔫加重，叶片自下而上变黄，根软腐导致枯死。

茎基部近地面处呈水渍状，高湿时会产生粉红色或蓝绿色霉状物。剖开病基部，可见维管束变褐。本病病程进展较慢，一般15～30天才枯死，无乳白色黏液流出，以此有别于番茄青枯病。

发病初期可喷洒78%科博可湿性粉剂600倍液或50%混杀硫悬浮剂500倍液，每隔10天左右喷1次。

(4)**番茄溃疡病(细菌性髓部坏死病)** 成株染病，病菌在韧皮部及髓部迅速扩展，初期下部叶片凋萎或卷缩呈缺水状，一侧或部分小叶凋萎；茎内部变褐，并向上下发展，后期产生长短不一的空腔，最后下陷或开裂，茎略变粗，生出许多不定根。湿度大时菌脓从病茎或叶柄中溢出或附在其上，形成白色污状物，最后全株枯死，上部顶叶呈青枯状，果实上形成独特的“鸟眼斑”。

溃疡病发病初期，可用15%赛博可湿性粉剂800～1000倍液喷雾，每隔9～12天喷1次。

68. 怎样防治番茄根部病害？

(1)**全棚消毒处理，清洁田园** 将病株残体彻底清理干净。用848消毒液200倍液或50%消菌灵1000倍液喷洒地面、立柱和墙体，一定要喷匀喷透，这样可以杀死土壤、大棚中残存的病毒、真菌和细菌，从而有效地抑制土传病害的发生。土壤病原菌大多喜欢酸性环境，特别是青枯病原菌，可以根据棚中土壤酸碱度进行适当调整，对酸性土壤可每667平方米施60千克左右的生石灰，改变有害微生物的生活环境，抑制土传病害发生。

（2）**苗床土壤消毒处理** 苗床整好后，每平方米用50%乙磷铝锰锌、30%DT按各10克加2.5千克干细土拌匀后撒于畦面，划锄入土，搂平浇水后播种。

（3）**定植时土壤消毒处理** 用50%乙磷铝锰锌、30%DT按1000株各0.5千克加10千克干细土配成药土，均匀撒于定植穴内。只要做到苗床土消毒和定植穴内用药，可有效地控制根部病害的蔓延发生。

（4）**药剂灌根处理** 定植缓苗后植株发病，可以采用药剂灌根的防治方法。将50%乙磷铝锰锌500倍液加30%DT500倍液再加枯腐立得500倍液混合后进行单株灌根，每株用药量为0.25～0.5千克。灌根10天后方可浇水，否则会加重病害的蔓延发生。

69. 保护地番茄青枯病发生的原因是什么？如何防治？

（1）**发病原因** ①连作致病。栽培种类单一，由于保护地条件的限制加上长期连作，未能进行合理轮作，致使土壤中的病菌连续繁殖积累，数量增加，连作时间越长，发病率越高，病情越重。据调查，连作3年以上，番茄青枯病发病率达30%以上。②种子带菌。带菌种子和带有病残体的有机肥，是无病区的初侵染源。播种前种子、营养土等未进行处理，或消毒药剂不对路，均为病害的发生带来有利条件，使病菌从幼苗的根部或茎基部皮孔和伤口侵入，在维管束内繁殖蔓延，引起萎蔫。③操作措施不当。采用平畦栽培，不利于田间积水的排除。灌溉采取大水漫灌或浇水次数偏多，导致土壤含水量高，湿度过大，透气性差，为病害的发生创造了条件。④盲目施肥。过多施用氮素化肥，忽视钾肥、微肥及优质农家肥的施用，造成植株徒长，土壤次生盐渍化，植株根系长期处于不良的土壤环境中，抗病能力下降，感病概率增加。

(2)综防措施　①调整种植结构，合理轮作倒茬。番茄栽培应避免与瓜类、茄果类蔬菜连作，可与十字花科的甘蓝、大白菜，百合科的大葱、大蒜等蔬菜实行 3 年以上的轮作。②培育无病壮苗。每 1 千克种子用绿亨 1 号 1～1.5 克与 50%福美双可湿性粉剂 3～4 克或绿亨 3 号 8～10 克拌种。拌种可干拌，也可湿拌，拌后随即播种，不要闷种。对苗床土壤进行严格消毒。每平方米用绿亨 1 号 1 克 3000 倍液，在播种前或播种后均匀喷洒于苗床内，或将上述用药量对过筛细土 15～20 千克，将 1/3 撒在苗床内，余下的 2/3 播种后盖土。采用营养钵育苗，减少移栽时的伤根，防止病菌从伤口侵入，培育无病壮苗。③实行高垄栽培，坚持科学浇水。认真平整土地，采用深沟高垄栽培，既有利于排灌，又可以增强土壤的透气性。浇水时要采取小水浇灌或隔行浇，不能大水漫灌。④平衡施肥，加强田间管理。多施用经过充分腐熟的优质农家肥，适量增施磷、钾肥料，合理配施锌、硼等微量元素，控制氮肥用量，使植株稳健生长，提高自身的抗病力。在番茄生长期间，注意观察生长状况，发现病株及时拔除，集中销毁，并对病穴及周围植株进行灌药处理，防止土壤中的病菌蔓延危害。⑤药剂防治。发病前和发病初期及早施药防治。可用绿亨 1 号 3000 倍液，或绿亨 2 号 600 倍液，或绿亨 8 号 1500～2000 倍液进行喷雾或灌根，每 7～10 天施用 1 次，连续施用 2～3 次，可有效地控制病害发生。

70. 如何识别与防治番茄根结线虫病?

(1)**症状**　番茄根结线虫主要侵染番茄根部,尤其是侧根易受害。根上形成很多近球状瘤状物,似念珠状相互连接,初始表面白色,后变褐色或黑色,地上部表现萎缩或黄化,天气干燥时易萎蔫或枯萎。线虫以成虫或卵在病组织里或以幼虫在土壤中越冬。病土和病肥是主要病源。该线虫发育适温为25℃～30℃,幼虫遇低温失去活动能力,48℃～60℃经5分钟致死,在土中存活1～2年即全部死亡。由于根部被破坏,影响正常的吸收功能,所以地上部生长发育受阻,轻者症状不明显,重者生长缓慢,植株比较矮小,生育不良,结果小而且少。在中午气温较高时,地上部植株呈萎蔫状态;早晚气温较低或浇水充足时,暂时萎蔫又可恢复正常。随着病情的发展,植株逐渐枯死。

(2)**发生特点**　番茄根结线虫病是由线形动物门根结线虫属线虫侵染引起的。线虫以卵在病株根内,随同病株残根在土壤中越冬,或以2龄幼虫在土壤中越冬。翌年,在环境适宜时,越冬卵孵化为幼虫,而2龄幼虫继续发育。在田间主要依靠带虫土及病残体传入和农具携带传播,也可通过流水传播土中线虫,幼虫一般从嫩根部位侵入。侵入前,能做短距离移动,速度很慢,故此病不会在短期内大面积发生和流行。侵入后,能刺激根部细胞增生,形成根肿瘤。幼虫在肿瘤内发育至3龄,开始分化,4龄时性成熟,雌、雄虫体各异,雌、雄虫交尾产卵。雄虫交尾后进入土中死亡,卵在瘤内孵化,1龄幼虫出卵并进入土中,进行侵染和越冬。也有的以卵在病根和土壤中越冬。

(3)发生程度与环境条件的关系 地势高燥的疏松、透气的沙质土壤发病重；碱性或酸性土壤不利于发病；土壤潮湿、黏重时，发病轻或不发病。如果土壤墒情适中，通透气又好，线虫可以反复为害。

(4)无公害防治方法 ①选用抗线虫品种。选用抗性品种是防治番茄根结线虫的重要一环。近年来，在寿光市表现比较好的抗线虫番茄品种主要有从以色列引进的耐莫尼塔、多米尼加(FA-593)、菲齐兹(R-1144F1)、FA-1402F1；从荷兰引进的新宝发012、玛瓦 F_1、73-38 F_1、凯莱、罗曼娜。②无土培育无线虫壮苗。采用无土育苗是避免根结线虫为害的另一重要措施。因为无土育苗可培育壮苗，避免早期受到根结线虫的为害，如果移栽后即使受到根结线虫的为害，对产量的影响也不大。无土栽培在夏季育苗时，要及时补充水分，防止过干秧苗生长不良。采用无土育苗的秧苗质量好于土壤育苗。对育苗基质严格进行消毒，其具体做法是将棉隆或威百亩与基质充分拌匀后，盖上塑料布熏蒸。③含有 Mi 基因的野生茄科类品种，对根结线虫具有优异的抗性。用这些品种做砧木进行嫁接栽培，能有效地防治根结线虫，且种植一茬后，可明显减轻下茬作物根结线虫的为害。砧木应选择生长势强，根系发达，对黄萎病、青枯病、枯萎病、根结线虫病等4种土传病害达到高抗甚至免疫程度的品种，生产中表现比较好的有托鲁巴姆、CRP、温棚茄砧、超托鲁巴姆。其中托鲁巴姆苗期茎粗壮，嫁接操作方便，成活率高，嫁接生产的番茄产量高、品质好，是一种较为理想的抗根结线虫砧木品种。利用托鲁巴姆进行番茄嫁接栽培是防治番茄根结线虫病最有效最成功的方法。④用石灰氮对土壤进行消毒。石灰氮是一种高效的土壤消毒剂，石灰氮分解的中间产物氰氨和双氰氨都具有消毒、灭虫、防病的作用。可防治各种土传病害及地下害虫，特别是对线虫效果较好。利用石灰氮防治土传病害，与常规土壤杀菌剂防治比较，具有无残留、不污染环境等优点，是溴甲烷等高毒、剧毒农药被禁用后进行土壤无害化处理、生产无公害蔬菜的一种安全有效的做法。番茄定植前每667平方米耕层土壤中施入石灰氮75～100千克，麦草1 000～2 000千克或鸡粪3 000～4 000千克，做畦后灌水，灌水量要达到饱和程度；覆盖透明塑料薄膜，四周要盖紧、盖严，让薄膜与土壤之间保持一定的空间，以利于提高地温，增强杀菌灭虫效果。密闭温室或大棚闷棚20～30天。闷棚结束后，可根据土壤湿度情况开棚通风，调节土壤湿度，然后疏松土壤即可栽培蔬菜。应用此法的最佳时间要选择夏季气温高、雨水少、温室大棚的闲置时期，一般是5月下旬至8月下旬。⑤生物防治。定植前每平方米用1.8%阿维菌素乳油1毫升稀释2 000～3 000倍后用喷雾器喷雾，然后用钉耙混土，该法对防治根结线虫病有良好的效果。对生长期发病的植株可用1.8%阿维菌素乳油4 000～6 000倍液做根部穴浇，每株100～200克。⑥化学防治。番茄播种或定植前，进行土壤消毒，每667平方米撒施3%甲基异柳磷颗粒剂10～15千克；定植时，每667平方米穴施10%力满库颗粒剂5千克，或50%克线磷颗粒剂300～400克，或95%棉隆3～5千克。采用化学防治时，一定要注意农药的安全间隔期。

71. 如何识别与防治番茄细菌性髓部坏死病？

(1)症状 该病主要危害番茄茎和分枝，叶、果也可被害。被害株多在青果期表现症状。初病期植株上中部叶片开始失水萎蔫，部分复叶的少数小叶片边缘褪绿。与此同时，茎部长出突起的不定根，尚无明显的病变，以后在长出突起的不定根的上、下方出现褐色至黑褐色斑块，长度逐渐扩展至 5～10 厘米不等，病斑表皮质硬。纵剖病茎，可见髓部发生病变，病变部分超过茎外表变褐的长度，呈褐色至黑褐色；茎外表褐变处的髓部先坏死、干缩中空，并逐渐向茎上下延伸。病株从表现萎蔫至全株枯死，病程进展缓慢，约 20 天。分枝、花器、果穗被害症状与茎部相似。小叶多在叶尖、叶缘处发病，初呈暗绿色失水状，渐向小叶内扩展并黄枯。樱桃番茄果实多从果柄开始变褐，终至全果褐腐，果皮质硬，挂于枝上。湿度大时，从病茎伤口或叶柄脱落处溢出黄褐色菌脓；病部坏死斑不形成溃疡症状，病果上无鸟眼斑，以此区别于溃疡病；病茎髓部坏死处无腐臭味，以此区别于软腐病；叶片无斑点，以此区别于细菌性斑疹病。

(2)**病原及发病条件** 番茄细菌性髓部坏死病病原为皱纹假单胞菌，具多根极生鞭毛。此病可在保护地或露地番茄上发生，保护地发病早于露地。病菌多从整枝伤口处侵入发病，并通过雨水、农事操作等传播蔓延。发病症状表现多在番茄青果期。一般 4～6 月份遇夜间低温或高湿天气容易发病。连作地、排水不良、氮肥过量的地块发病重。

番茄细菌性髓部坏死病的防治方法：①农业防治措施。在发病地块避免连作，可与非茄科蔬菜轮作 2～3 年，施用经充分腐熟的有机肥，不偏施、过量施用氮肥，增施磷、钾肥；避免在阴雨天气整枝打杈；发现病株及时拔除清出田外深埋或烧毁。②药剂防治。田间出现发病中心株时即开始施药防治。可选用 72%农用链霉素可溶性粉剂 3 000～4 000 倍液，新植霉素 4 000 倍液，77%可杀得可湿性粉剂 500 倍液，50%琥珀胶肥酸铜可湿性粉剂 500 倍液，14%络氨铜水剂 300 倍液喷雾防治，每隔 10 天左右喷 1 次，连续喷 2～3 次。

72. 如何识别与防治番茄细菌性斑点病？

番茄细菌性斑点病又称番茄细菌性叶斑病、斑疹病，是一种细菌性病害。近年来该病发生呈上升趋势。

(1)症状 番茄细菌性斑点病主要危害番茄叶、茎、花、叶柄和果实。叶片染病，产生深褐色至黑色不规则斑点，直径 2～4 毫米，斑点周围有或无黄色晕圈。叶柄和茎秆症状与叶部症状相似，产生黑色斑点，但病斑周围无黄色晕圈。病斑易连成斑块，严重时可使一段茎部变黑。该病危害花蕾时，在萼片上形成许多黑点，连片时，使萼片干枯，不能正常开花。幼嫩果实初期的小斑点稍隆起，果实近成熟时病斑周围往往仍保持较长时间的绿色。病斑附近果肉略凹陷。病斑周围黑色，中间色浅并有轻微凹陷。细菌性斑点病症状与番茄细菌性疮痂病的症状相似，应注意区分。病菌可在番茄植株、种子、病残体、土壤和杂草上越冬，在干燥的种子上可存活 20 年，可随种子远距离传播。如用带菌种子播种，幼苗即可发病，幼苗发病后传入棚室，并通过浇水、昆虫、农事操作传播，造成流行。在温度为 25℃以下、空气相对湿度为 80％以上的条件下有利于该病的发生，因此对冬春季保护地番茄往往造成严重的危害。

(2)防治方法 ①选用抗病品种。②热水(56℃)浸种 30 分钟。③与非茄科蔬菜实行 3 年以上的轮作。④在灌溉、整枝、打杈、采收等农事操作中要注意避免病害的传播。⑤选用 77％可杀得可湿性粉剂 400～500 倍液，14％络氨铜水剂 300 倍液，0.3％～0.5％氢氧化铜或新植霉素 3 000 倍液进行防治，每隔 10 天喷 1 次，连喷 3～4 次。

73. 如何识别与防治番茄病毒病?

番茄病毒病又称毒素病，是番茄的主要病害之一。我国常发生的番茄病毒病主要有花叶病、蕨叶病、条斑病等。

(1) 危害症状 ①花叶型。病原为烟草花叶病毒(TMV)，发生最为普遍，常见症状有两种：一种是叶片上呈现出黄绿色相间或绿色深浅不匀的斑驳，植株生长发育正常，叶片不变小，畸形较轻，对产量影响不大；另一种是叶片有明显的花叶疱斑，新叶变小，叶片细长狭窄或扭曲畸形，植株较弱，果实少而小，着色不均匀；病株花芽分化能力弱，落花落蕾严重。②蕨叶型。病原为黄瓜花叶病毒(CMV)，症状表现为全株黄绿色，叶背明显紫色，植株细弱矮缩，新生叶片狭小，叶肉组织退化严重的叶片变为纤细线状；大部叶片边缘向上卷起，严重的呈卷筒状，腋芽长出的侧枝均生蕨叶小叶，节间缩短，呈簇状，菜农称之为"鸡爪叶"或"鸡爪疯"。③条斑型。病原为烟草花叶病毒和黄瓜花叶病毒复合侵染，植株上部叶片初显花叶或变黄绿色，随后在茎秆上中部初生暗绿色短条斑，后变为黑褐色油渍状坏死条斑，逐渐蔓延，导致病株萎蔫枯死，果实畸形，果面散布不规则的褐色下陷的油渍状斑块。果实僵硬，失去食用价值。④卷叶型。病原为烟草卷叶病毒(TLCV)，病株顶部叶片生长受到抑制，叶片向上卷曲，叶质硬脆，叶背面叶脉呈紫色，严重时叶片变小，缩顶。

(2) 发病原因 烟草花叶病毒病在多种植物上越冬，种子也可带毒，为初侵染源。主要通过汁液接触传染，只要寄主有伤口，即可侵入。此外，土壤中的病残体、田间越冬寄主残体、烤晒后的烟叶与烟丝均可成为该病的初侵染源。黄瓜花叶病毒病主要由蚜虫侵染，汁液也可传染，冬季病毒多在宿根杂草上越冬，春季蚜虫迁飞传毒。番茄发病轻重，与环境条件关系密切，一般高温干旱天气有利于病毒发生。施用过量氮肥，植株组织生长柔嫩或土壤瘠薄、板结、黏重以及排水不良等，发病重。毒原种类在1年里往往有周期性的变化，春夏季烟草花叶病毒病比例较大，而秋季以黄瓜花叶病毒病为主。

(3)防治方法　防治病毒病总的原则是：选用抗病、耐病品种，改善和加强栽培管理技术，防治蚜虫、避免传毒，结合施用抗毒剂等综合措施。①合理轮作。实行3年以上轮作，尽量避免与茄科作物连作。②选用抗病、耐病品种。番茄病毒病原多，且有株系分化，在田间常常混合发生，大部分品种均为只抗部分病毒病，目前尚无高抗病毒病品种。日光温室栽培可选用毛粉802、佳粉17号、粉安娜、百利、赛贝娜、艾玛832、吉佳-2004等品种。③种子消毒。播种前种子先用清水浸5小时，再用10%磷酸三钠溶液浸20分钟，或先用肥皂水搓洗后，再用0.1%高锰酸钾溶液浸种10～15分钟，然后用清水洗净。也可将种子在70℃干热条件下处理2～3天，再进行催芽或直播。④清除病苗。出苗后，定期清理苗床，对叶色不正、生长不良、叶片扭曲的幼苗及时拔除；对只有个别叶片发病的病株，及时剪掉病叶。此项工作在定植前要进行3～4次。在清理过程中还要注意手或工具不要触及正常秧苗，以避免传染。⑤农事操作应先健株后病株。番茄定植后仍会不断地出现病株，其表现为花叶、小叶、线叶、卷叶、矮化等。农事操作诸如掐尖、绑蔓、打杈、打底叶、采果等，应按先健株后病株的做法，以避免手或工具的传毒。有条件的，还可以采用完成1行植株农事活动后，即用肥皂水或10%磷酸三钠水溶液洗手及农具。⑥及时防蚜。苗期采用银灰色薄膜或遮阳网覆盖，驱避蚜虫。定植后即沿大棚四周骨架平拉银灰色塑料条，以间隔 10 厘米左右为宜。生产上随时调查棚内蚜虫发生的情况，一旦发生，及时防治，减少蚜虫传毒机会。⑦栽培防病。适时播种，培育壮苗。定植前蹲苗 1 周左右，挑选健壮无病苗移植。有机肥要充分腐熟，适当增施磷、钾肥。采取半高垄栽培，适时适量供水。果实挂红时适当早采收，以协调番茄生殖生长与营养生长间的矛盾，增强植株抗病性，达到防病增产的目的。⑧生物防治。一是采用弱毒疫苗 N14 防治烟草花叶病毒侵染引起的病毒病，具有一定的免疫性保护作用。其具体用法是：在番茄 1～2 片真叶分苗时，洗净根部泥土，将根浸入 N14 的 100 倍液中 30 分钟，也可用手蘸取 N14 的 100 倍液在子叶上轻轻涂抹一下，进行涂抹接种。还可用 7～9 根 9 号缝衣针绑在筷子头上蘸取 N14 的 100 倍液轻刺叶片接种；也可将 N14 用水稀释 50 倍，按每平方米 4 千克压力，在番茄具 2～3 片真叶时喷雾接种；还可以用 N14 的 100 倍液加入 0.5 克经 400～600 筛目筛过的金刚砂，摇匀后用高压枪喷射接种。二是用卫星病毒 S52。防治黄瓜花叶病毒侵染引起的病毒病，其使用方法同弱毒疫苗 N14。如果将 S52 与 N14 等量混合使用，防治效果更佳。⑨发病初期喷药控制。在发病初期(5～6 叶期)用 3.85%病毒必克 500 倍液进行叶面喷雾，每隔 7 天喷 1 次，连续喷 3 次，防效可达 75%～80%。也可用 1.5%植病灵 800 倍液或 20%病毒 A 500 倍液喷雾，使用方法同前，防效可达 70%左右。还可用 5%菌毒清水剂 400 倍液或高锰酸钾 1 000 倍液喷雾防治。此外，喷施 50～100 毫克/千克增产灵溶液，用 1%过磷酸钙做根外追肥，均可提高耐病性。

74. 日光温室番茄的主要虫害有哪些？如何防治？

(1)蓟马　蓟马属缨翅目蓟马科，是一种杂食性害虫。

【为害特点】　成虫和若虫均以锉吸式口器为害心叶和嫩芽。被害叶形成许多细密而长形的灰白色斑纹，使叶子失去膨压而下垂，被害严重时叶片扭曲、变黄枯萎。葱蓟马还可传播植物病毒。

【形态特征】　成虫体长1～1.3毫米，浅黄色至深褐色，翅细长、透明，周缘有很多细长毛。卵长0.2毫米，肾脏形，逐渐变成卵圆形。若虫体形似成虫，1～2龄无翅芽，3～4龄翅芽明显。

【生活习性】　以成虫、若虫在未收获的寄主叶鞘内、杂草、残株间或附近的土里越冬。翌年春成、若虫开始活动为害。成虫活泼善飞，可借风力传播。成虫怕光，白天多隐藏在叶背或叶腋处，阴天和夜里到叶面上活动取食。5～6月份为为害盛期。该虫能孤雌生殖，整个夏季几乎全是雌虫。初孵若虫群集为害，稍大后分散为害。葱蓟马喜欢温暖和较干旱的环境条件，冬季可在温室中继续为害。

【防治方法】　①农业防治。早春集中清除销毁田间杂草和残株落叶，以压低越冬虫口密度。平时勤浇水、除草，可减轻为害。②药剂防治。可选用0.3%苦参碱水剂1000倍液，80%敌敌畏乳油1500倍液，50%辛硫磷乳油1500倍液，21%灭杀毙乳油1500倍液，20%复方浏阳霉素乳油1000倍液喷雾防治。喷药时要喷到心叶及叶背。

(2)白粉虱

【为害特点】　成、若虫群集叶背吸食汁液，被害叶片褪绿变黄、萎蔫，甚至导致全株枯死。该虫分泌蜜露诱发煤污病，还可传播病毒病。

【形态特征】 成虫体长1～1.5毫米，淡黄色。双翅白色，翅面覆盖白色蜡粉，俗称“小白蛾”。卵长椭圆形，长约0.2毫米，基部有卵柄，初产时为淡黄色，孵化前变黑色。若虫体椭圆形、扁平，淡绿色或黄绿色。足和触角退化，紧贴在叶片上营固定生活。

【生活习性】 1年发生若干代，世代重叠，以各种虫态在温室蔬菜上越冬或继续为害。成虫具有趋黄、趋嫩、趋光性，可孤雌生殖。喜食植物幼嫩部分。若虫孵化后3天内在叶背可做短距离移走，而后营固定生活。

【防治方法】 ①农业防治。根除虫源基地。冬季育苗要清除残株杂草，熏杀残余成虫，培育无虫苗。结合整枝打杈，摘除带虫老叶，并带出田外销毁。②物理防治。在白粉虱发生初期，在黄板上涂机油等黏性剂置于保护地内与植株高度齐平处，诱杀成虫。③生物防治。可利用丽蚜小蜂、草蛉等控制白粉虱为害。首先将寄生卵制成放蜂卡，放蜂卡的制作应做到防雨、防晒及防止捕食性天敌的破坏，以保证释放到田间的丽蚜小蜂能够有效羽化和存活。粉虱发生初期单株虫量为0.5～1头开始释放，每667平方米释放5 000～10 000头。隔7～10天释放1次，连续释放3～4次。放蜂时，将卵卡挂在每个放蜂点植株中部的主茎上。小蜂与粉虱在低数量水平上保持数量平衡后，可以停止放蜂。注意搞好棚室保温，夜间温度最好保持在15℃以上。④药剂防治。一是熏烟法。每667平方米用22%敌敌畏烟剂0.5千克于傍晚将保护地密闭熏杀成虫。或每667平方米用80%敌敌畏乳油0.3～0.4千克加锯末适量点燃（无明火）熏杀。二是喷雾法。虫害发生初期及早选用25%扑虱灵可湿性粉剂1 500倍液，2.5%天王星乳油 3 000 倍液，20%灭扫利乳油 2 000 倍液，0.3%苦参碱水剂 1 500 倍液喷雾防治。喷药时注意首先喷叶片正面，然后再喷叶背面。

(3)**美洲斑潜蝇** 美洲斑潜蝇属双翅目潜蝇科，俗称“小白龙”。

【为害特点】 幼虫以蛀食叶片上下表皮间的叶肉细胞为主，常在叶片上形成曲曲弯弯的蛇形隧道。隧道前端较细，随幼虫长大，后端隧道较粗。成虫的取食和产卵孔也造成一定为害，影响光合作用和营养物质的输导，同时还传播病毒。

【形态特征】 成虫体长 1.3～2.8 毫米，淡黄褐色，中胸背板亮黑色，体腹面黄色，触角和额鲜黄色，前足棕黄色，后足棕黑色，腹部大部分黑色，但背板边缘黄色。卵 0.2～0.3 毫米，米色、轻微半透明。幼虫无头蛆状，初孵无色，渐变淡橙黄色，后期橙黄色，长约 3 毫米，共 3 龄，老熟后多在叶外化蛹。蛹椭圆形，腹面稍扁平，橙黄色。

【防治方法】 ①农业防治。害虫发生初期，定期清除虫叶，杀灭幼虫。番茄套种感虫作物丝瓜和豆角可减轻虫害。②生物防治。美洲斑潜蝇的天敌有潜蝇茧蜂、绿姬小蜂、双雕小蜂等，利用天敌可减轻虫害。③药剂防治。在幼虫化蛹高峰期后 8～10 天可选用 48%乐斯本乳油 1 000 倍液，1.8%爱福丁乳油 1 000 倍液，10%烟碱乳油 1 000 倍液，净叶宝 1 号 1 500 倍液喷雾防治。

(4)**二十八星瓢虫**

【为害特点】 以成虫、幼虫舐食叶肉，残留上表皮呈网状，严重时食尽全叶。该虫还若舐食瓜果表面，受害部位变硬，带有苦味。

【形态特征】 成虫体长 6 毫米，半球形，黄褐色，体表密生黄色细毛。前胸背板上有 6 个黑点,中间的 2 个连成 1 个横斑,每个鞘翅上有 14 个黑斑,第二列 4 个黑斑呈一直线。卵长约 1.2 毫米,弹头形,淡黄色至褐色,卵粒排列较紧密。初龄幼虫淡黄色,后变白色,体表多刺,其基部有黑褐色环纹,枝刺白色。蛹长 5.5 毫米,椭圆形,背面有黑色斑纹,尾端包着末龄幼虫的蜕皮。

【生活习性】 在夏秋季发生最多,为害最重。成虫白天活动,有假死性和自残性。雌成虫卵产于叶背,初孵幼虫群集为害,稍大后分散为害。老熟幼虫在原处或枯叶中化蛹。卵期 5～6 天,幼虫期 15～25 天,蛹期 4～15 天,成虫寿命 25～60 天。

【防治方法】 ①农业防治。人工捕捉成虫。利用成虫的假死性,叩打植株使之坠落,下面用盆承接收集后杀灭。人工摘除卵块。雌成虫产卵集中成群,颜色艳丽,极易发现,易于摘除。②药剂防治。在幼虫分散前及时选用 2.5%功夫乳油 4 000 倍液,21%灭杀毙乳油 5 000 倍液,50%辛硫磷乳油 1 000 倍液喷雾防治。注意重点喷叶背面。

(5)斜纹夜蛾

【为害特点】 以幼虫咬食叶、花、果实,发生严重时能将全田植株吃成光秆,导致失收。

【形态特征】 成虫体长 14～21 毫米,翅展 33～46 毫米。全体暗褐色,前翅灰褐色或褐色,内、外横线灰白色,波浪形;在环状纹与肾状纹间,由前缘向后缘外方有 3 条白色斜纹。后翅白色。前、后翅上常带有水红色闪光。卵块产,外覆黄色茸毛。幼虫体长 36～48 毫米,呈黄绿色至墨绿色或黑色,从中胸到腹部第八节背面各有 1 对近似半月形或三角形黑斑。蛹长 15～23 毫米,赤褐色至暗褐色。

【生活习性】 在华北1年发生4～5代。以7～10月为害最重。通常每头雌蛾可产卵400粒左右，最多可达2 000～3 000粒。幼龄幼虫群集在卵块附近为害，叶片呈筛网状，3龄后分散为害；有假死性，并对阳光敏感，晴天躲在阴暗处或土缝里，夜晚、早晨出来为害。老熟幼虫入土化蛹。

【防治方法】 ①在各代盛卵期，发现卵块和新筛网状被害叶，随手摘杀并集中喷药围歼。②掌握幼虫低龄时期，每667平方米用90%敌百虫50克，或80%敌敌畏40克，或20%杀灭菊酯乳油15克，对水60升喷雾，如果在黄昏或清晨用药，效果更好。③可利用大蟾蜍或赤眼蜂等自然天敌控制该虫为害。

(6)棉铃虫

【为害特点】 棉铃虫也叫钻心虫，是越夏、延秋茬番茄的主要害虫。幼虫蛀食番茄花蕾、花和果实，也可为害嫩茎、叶和幼芽。幼果常被咬食而变空、腐烂。成果被咬食部分果肉，而后会引起腐烂、脱落。幼虫从蒂部蛀食果实，咬食部分果肉后又转到另一个果实。1头幼虫一生可为害3～5个果，最多8个。该虫为害严重的地块，蛀果率可达30%～50%，花蕾及幼果常被吃空或引起腐烂而脱落，长成的果实虽然只被蛀食部分果肉，但已失去商品价值，而且因蛀孔在蒂部，病菌侵入易引起腐烂。棉铃虫造成果实大量被蛀和腐烂脱落是减产的主要原因。

【生活习性】 棉铃虫在华北地区1年发生3～4代。以蛹在土壤中越冬，翌年4～5月气温上升到18℃以上时，越冬蛹羽化为成虫，5月至6月下旬为第一代幼虫为害期，7月为第二代幼虫为害期，8～9月为第三代幼虫为害期，10月份如果温度降低则第四代幼虫入土化蛹越冬。棉铃虫昼伏夜出，黄昏时活动最盛。高温多雨季节发生严重。

【防治方法】 ①农业防治。深翻土壤，消灭越冬蛹，压低第一代虫源；及时打杈掐尖，因为棉铃虫95%的卵产于番茄的顶尖至第四层复叶之间，结合整枝把嫩叶、嫩枝上的卵及幼虫一起带走烧毁或深埋，可有效地减少卵量；摘除虫果，以减少幼虫转株为害。②物理防治。在成虫盛发期剪取0.6～1米长的新鲜带叶的杨树或柳树枝条，几枝扎成一束，插于田间诱虫，使枝梢高于番茄植株顶部20～30厘米，每667平方米插10余把，每3～5天换1次，每天清晨露水未干时，用塑料袋套住树枝把，捕杀成虫。③生物防治。在2、3代卵孵化盛期，每667平方米喷施Bt可湿性粉剂50克或Bt乳剂200～250毫升，隔3～4天喷叶1次，连喷2～3次。或应用赤眼蜂防治棉铃虫，在棉铃虫产卵初期、盛期、末期释放赤眼蜂，每667平方米大棚、温室放蜂1.5万头，每次放蜂间隔期为3～5天，连续3～4次，卵寄生率可达80%。④药剂防治。应掌握在百株卵量达20～30粒时开始用药，尤其在半数卵变黑时用药为好。如百株幼虫超过5头，应继续用药。可选用90%敌百虫可湿性粉剂1 000倍液，或50%辛硫磷乳油1 000倍液，或2.5%溴氰菊酯乳油3 000倍液，或40%菊马乳油2 000～3 000倍液喷杀，不仅能杀幼虫，而且有杀卵效果。

(7)茶黄螨

【为害特点】 该虫食性极杂。成、幼螨集中在寄主幼嫩部位刺吸汁液，尤其是尚未展开的芽、叶和花器。被害叶片增厚僵直、变小或变窄，叶背呈黄褐色、油渍状，叶缘向下卷曲。幼茎变褐色，丛生或秃尖。花蕾畸形，果实变褐色，粗糙，无光泽。出现裂果，植株矮缩。

由于虫体较小，肉眼一般难以发现，其为害症状又和病毒病或生理病害症状有些相似，生产上应注意识别。

病毒病发生在嫩叶，表现为小叶，叶皱缩；生理性病害引起落花、落果。但病毒病在干旱条件下发生，除了小叶外，多数病毒病在叶上会表现黄绿相间的斑驳；生理性病害如缺素症、日灼一般与高温干旱有关。在高温、高湿的季节中一定要注意茶黄螨的为害。茶黄螨为害番茄的显著特点是：叶子叶背有油质光泽，发红发亮。

【形态特征】 成雌螨长约 0.21 毫米，体躯阔卵形，体分节不明显，淡黄色至黄绿色，半透明有光泽。足 4 对，沿背中线有一白色条纹，腹部末端平截。雄成螨体长约 0.19 毫米，体躯近六角形，淡黄色至黄绿色，腹末有锥台形尾吸盘，足较长且粗壮。卵长约 0.1 毫米，椭圆形，灰白色、半透明，卵面有 6 排纵向排列的泡状突起，底面平整光滑。幼螨近椭圆形，躯体分 3 节，足 3 对。若螨半透明，菱形，被幼螨表皮所包围。

【生活习性】 1 年发生 20 多代，世代重叠。冬季可在日光温室等保护地中越冬或繁殖为害。靠爬行、风力、农具、种苗等传播蔓延，始发时有明显的点片阶段，为防治的关键时期。一年中以 7～9 月份为害最重。10 月份后，随着气温下降螨量减少。幼螨喜温暖潮湿的环境条件。成螨较活跃，且有雄螨背负雌螨向植株上部幼嫩部位转移的习性。卵多产在嫩叶背面、果实凹陷处及嫩芽上，经 2～3 天孵化，幼(若)螨期各 2～3 天。雌螨以两性生殖为主，也可营孤雌生殖。

【防治方法】 ①农业防治。压低越冬虫口基数，铲除田头地边杂草，清除枯枝落叶并集中烧毁。②药剂防治。在点片发生时及时选用 1.0％阿维螨清乳油 1 000 倍液，5％卡死克乳油 1 200 倍液，5％天力 2 号可湿性粉剂 1 000 倍液，73％克螨特乳油 1 000 倍液喷雾防治。重点喷洒植株上部嫩叶背面、嫩茎、花器、生长点及幼果等部位，并注意交替轮换用药。由于茶黄螨主要集中于幼嫩叶的背面，所以喷施杀螨剂时要上喷下翻，注重喷幼嫩部位，翻过喷头向上喷叶背。

(8)红 蜘 蛛

【为害特点】 以成螨、幼螨和若螨群集叶背吸食汁液，使叶片出现褪绿斑点，逐渐变灰白斑和红斑，严重时叶片枯焦脱落。

【形态特征】 成雌螨体长 0.42～0.52 毫米，雄螨 0.26 毫米，皆为红褐色，椭圆形，足 4 对，无爪。幼螨近圆形，暗绿色，眼红色，足 3 对。若螨足 4 对，体形和体色似成螨，但个体小。卵圆球形，无色、透明。

【生活习性】 1 年发生约 10～20 代，雌成虫潜伏于菜叶、草根或土缝附近处越冬。春季开始繁殖并为害。初为点片发生，后吐丝下垂或靠爬行借风雨扩散传播等，首先为害老叶，然后向上扩散。当食料不足时，有迁移习性。以两性生殖为主，有孤雌生殖现象。高温干旱年份发生重。

【防治方法】 ①农业防治。清除杂草及枯枝落叶，减少虫源。②药剂防治。加强虫情检查，将为害控制在点片发生阶段，及时选用 1.8%阿维螨清乳油 1 000 倍液，5%天力 2 号可湿性粉剂 1 000 倍液，21%灭杀毙乳油 2 000 倍液，73%克螨特乳油 1 200 倍液，净叶宝 3 号 1 500 倍液喷雾防治。

五、保护地番茄的生理障碍防治

75. 如何识别与防治番茄营养元素缺乏症?

(1)缺 氮 症

【症　状】 叶小,上部叶更小。黄化从下部叶开始,依次向上部叶扩展,整个植株较矮小。黄化从叶脉开始,而后扩展到全叶。坐果少,果实过早膨大。

【发生原因】 在前茬施用有机肥和氮肥少造成土壤中氮素含量低;施用作物秸秆或未腐熟的有机肥太多;沙土、砂壤土的阳离子代换量小等情况下容易发生缺氮症。

【防治方法】 施用氮肥,温度低时施用硝态氮化肥效果好;施入腐熟堆肥及有机肥。

(2)缺 磷 症

【症　状】 在苗较小时,下部叶变绿紫色,并逐渐向上部叶扩展;叶小并逐渐失去光泽,进而变成红紫色;果实小,成熟晚,产量低。

【发生原因】 土壤中磷含量低,磷肥施用量少;低温会严重影响磷的吸收,温度低时也会缺磷。

【防治方法】 缺磷土壤要补施磷肥。在育苗期要注意施足磷肥。

(3)缺 钾 症

【症　状】 生育初期叶片失绿由叶缘开始发生,以后向叶肉扩展;在生育的最盛期靠近中部叶的叶尖端开始褐变,而后枯死;果实生长不良,形状有棱角,着色不均匀;严重时下部叶枯死,大量落叶。

【发生原因】 土壤中钾含量低，特别是沙土往往容易缺钾。在番茄生育盛期，果实发育需钾多，此时如果钾的供应不充足就容易发生；当使用碱性肥料较多时，影响植株对钾的吸收，也易发生缺钾；日照不足，温度低时易发生，地温低时番茄对钾吸收减弱，容易发生钾素缺乏；含有钾的有机物及钾肥施用量少，容易造成缺钾症状。

【防治方法】 充足供应钾肥，特别在生育中后期更不能缺少钾肥；多施用有机肥。

(4)缺钙症

【症 状】 植株萎缩，生长点停止生长，幼芽变小、黄化；距生长点近的幼叶周围变为褐色，有部分枯死；果脐处变黑，形成脐腐；在生长后期发生缺钙时，茎叶健全，仅有脐腐果发生；在第一穗果附近出现的脐腐果比其他果实着色早。

【发生原因】 当土壤中钙不足时易发生；虽然土壤中钙多但土壤盐类浓度高时也会发生缺钙的生理障害；施用氮肥过多时容易发生；土壤干燥时易出现缺钙症状；当施用钾肥过多时会出现缺钙情况；空气相对湿度低，连续高温时容易发生缺钾症。

【防治方法】 多施有机肥，使钙处于容易被吸收的状态；土壤诊断为缺钙时，要充足供应钙肥；实行深耕，多浇水；及时对叶面喷洒 0.3%～0.5%氯化钙水溶液，每隔 5～7 天喷 1 次，共喷 2～3 次。

(5)缺镁症

【症 状】 中下部叶从主脉附近开始变黄出现失绿，在果实膨大盛期靠果实近的叶先发生；叶脉间有模糊的黄化现象发生，慢慢地扩展到上部叶；生育后期除叶脉外整叶黄化。

【发生原因】 低温影响了根对镁的吸收；土壤中镁含量

虽然多，但由于施钾过多影响了番茄对镁的吸收时也易发生；当植株对镁的需要量大而根不能满足需要时也会发生。

【防治方法】 增高地温和施用有机肥；测定土壤，如土壤中镁不足时要补充镁肥；应急时可用1%～2%硫酸镁水溶液喷洒，每隔5～7天喷1次，共喷2～3次。

(6)缺硫症

【症 状】 整个植株生长基本无异常，只是中上部叶的颜色比下部颜色淡，严重时中上部叶变成淡黄色；硫在植株体内移动性差，缺硫症状往往发生在上部叶；缺硫植株下部叶生长正常。

【发生原因】 大棚等保护地栽培长期连续用无硫酸根肥料时易发生。

【防治方法】 施用硫酸铵、过磷酸钙和含硫肥料。

(7)缺硼症

【症 状】 新叶停止生长，植株呈萎缩状态；茎弯曲，茎内侧有褐色木栓状龟裂；果实表面有木栓状龟裂；叶色变成浓绿色。

【发生原因】 土壤酸化，硼素被淋失掉，或石灰施用过量都易引起硼的缺乏；土壤干燥，有机肥施用量少容易发生；施用钾肥过量容易发生。

【防治方法】 提前基施含硼的肥料。对叶面及时喷施0.1%～0.25%硼砂水溶液。

(8)缺铁症

【症 状】 新叶叶片褪绿黄化，但叶脉包括小分枝的叶脉仍为绿色。在腋芽上也长出叶脉间黄化的叶。

【发生原因】 土壤含磷多、土壤呈碱性时易发生缺铁；如磷肥用量太多，将影响对铁的吸收，容易发生缺铁；当土壤过干、过湿、低温时，根的活力受到影响会发生缺铁；铜、锰太多时，容易与铁产生拮抗作用，从而出现缺铁症状。

【防治方法】 当pH为6.5～6.7时，要禁止使用碱性肥料而改用生理酸性肥料。当土壤中磷过多时可采用深耕、客土等方法降低其含量。如果缺铁症状已经出现，可用0.5%～0.1%硫酸亚铁水溶液或100毫克/千克柠檬铁水溶液喷雾防治，每隔5～7天喷1次，共喷2～3次。

(9)缺锌症

【症 状】 从中部叶开始褪色，与健康叶比较，叶脉清晰可见；随着叶脉间逐渐褪色，叶缘由黄化变成黑色斑点或变紫；因叶缘枯死，叶片向外侧稍卷曲；缺锌严重，生长点附近的节间缩短。

【发生原因】 光照过强易发生缺锌；若吸收磷过多，植株即使吸收了锌，也表现缺锌症状；土壤pH高，即使土壤中有足够的锌，但其不溶解，也不能被番茄所吸收利用。

【防治方法】 不要过量施用磷肥。缺锌时可以施用硫酸锌，每667平方米施用1.5千克。应急对策是用0.1%～0.2%硫酸锌水溶液喷洒叶面。

(10)缺铜症

【症 状】 节间变短，全株呈丛生枝；初期幼叶变小，老叶脉间失绿。严重缺铜时，叶片呈褐色，叶片枯萎，幼叶失绿。

【发生原因】 碱性土壤易缺铜。

【防治方法】 增施酸性肥料。应急对策是用0.3%硫酸铜水溶液作叶面喷雾。

(11)缺锰症

【症 状】 植株幼叶叶脉间失绿呈浅黄色斑纹，严重时叶片均呈黄白色，植株蔓变短、细弱，花芽常呈黄色。

【发生原因】 碱性土壤容易缺锰。检测土壤pH，出现症状的植株根际土壤呈碱性，有可能缺锰。土壤有机质含量低也易缺锰。如肥料一次施用量过多，土壤盐类浓度过高时，将影响锰的吸收，就会发生缺锰症。

【防治方法】 增施有机肥；科学施用化肥，勿使肥料在土壤中造成高浓度。应急对策是叶面喷施0.2%硫酸锰水溶液。

(12)缺 钼 症

【症　状】 植株生长势差，幼叶褪绿；叶缘和叶脉间的叶肉呈黄色斑状，叶缘向内部卷曲，叶尖萎缩，常造成植株开花不结果。

【发生原因】 酸性土壤易缺钼。

【防治方法】 改良土壤，防止土壤酸化。应急对策是每667平方米喷施0.05%～0.1%钼酸铵水溶液50升，分别在苗期与开花期各喷1～2次。

76. 如何识别与防治番茄营养元素过剩症?

(1)氮 过 剩

【症　状】 叶为墨绿色而且大，植株长势过旺。植株呈倒三角形，节间长，茎上出现褐色斑点；下部叶有明显的卷叶现象，叶脉间有部分黄化；果实生长不正常，有蒂腐果发生。

【发生原因】 氮肥或易分解的有机肥施用量过大。

【防治方法】 控制追肥；降低夜温，防止长势过旺；当蒂腐果较多时要增加浇水量。

(2)钾 过 剩

【症　状】 叶呈异常深色，叶缘上卷；叶的中央脉突起，叶片高低不平；叶脉间有部分失绿；叶全部轻度硬化。

【发生原因】 钾过剩在露地栽培发生少，温室、大棚栽培的发生较多；连年大量施用家畜粪尿易发生；施用钾肥多时也会发生。

【防治方法】 发生钾过剩症状后要增加灌水，以降低土壤中钾的浓度。

(3)硼过剩

【症 状】 下部叶缘变白，叶脉间出现不规则的白斑。

【发生原因】 硼肥施用量过大，或用污水灌溉。

【防治方法】 严格控制硼肥施用量。用硼肥做基肥，每667平方米用量为0.25～0.5千克，施用时避免与种子直接接触。一般3～5年施用1次即可。不用污水灌溉。在土壤水溶性硼含量过高时，施用石灰可减轻硼的危害。

(4)锰过剩

【症 状】 下部叶的叶脉变黑褐色，叶脉间发生黑褐色的小斑点，上部叶与缺铁症状一样。

【发生原因】 土壤酸化、黏重，土壤浇水过多和土壤通气不良；使用过量未腐熟的有机肥时，容易使锰的有效性增大而发生锰中毒。过多地施用带锰的农药也会发生锰过剩。

【防治方法】 酸性土壤出现锰中毒可用石灰进行改良、化解；土壤黏重可用掺沙的办法改良；注意控制浇水量；防止过量施用化肥和未腐熟的有机肥。

77. 如何预防秋季大棚番茄叶片翻卷？

每年8～9月份，大棚内栽培的番茄容易出现叶片翻卷的情况，一般是从下部叶片向上部叶片发展，严重时导致整个植株的叶片出现翻卷，甚而叶片干枯，影响番茄的正常生长和产量的形成。一般生长势越强的植株越容易表现出此类症状。

(1)**病症**　番茄植株底叶翻卷，整个植株生长异常，导致干枯、脱落。

(2)**病症分析**　这种情况主要是一种生理性病害，或因病毒性病害引起，是由于气温过高、光照过强造成的，同时还与植株叶片出现早衰有关。

(3)**发病原因**　①摘心和整枝过早。摘心过早容易使腋芽滋生，叶片中的磷酸无处输送，导致叶片老化，发生大量卷缩。摘除侧枝一般要当其长到7厘米以上时进行，如果打杈过早，叶片同化面积减小，植株地上部生长不良，同时影响根系的发育，吸水、吸肥能力减弱，进而诱发卷叶。②高温、干旱。进入结果盛期后，遇到高温、干旱天气而不能及时补水，此时叶片面积大，高温和强光使叶片蒸腾作用加强，植株下部叶片易发生卷缩。在棚室栽培中，生长中后期易出现这种情况，尤其在通风口处卷缩往往较重。③施肥不当。氮肥施用过多，会引起小叶的翻转、卷曲；严重缺磷、缺钾以及缺乏钙、硼等微量元素，都会引起叶片僵硬、叶缘卷曲，或者叶片细小、畸形。④病毒病所致。番茄容易发生病毒病，引起叶片褪绿、变小，叶面皱缩。叶片卷缩，多表现在心叶及上部叶片上，在高温、强光照下易发生。⑤激素药害。花期使用2,4-D或防落素蘸花时，浓度过大或洒在叶片上，均会引起卷叶。

(4)**解决办法**　①加强肥水管理。增施腐熟的优质农家肥，防止氮肥过量，提供植株生长所需的均衡营养。避免过度干旱，但干旱后不要浇大水，尤其注意在高温的中午不能给番茄浇水，否则会导致地温突然降低，根系不能适应突然的变化，吸水受抑制，引起生理干旱反而加重卷叶。②遮荫降温。采用遮荫及向植株喷洒清水的方法遮荫降温。加强棚室栽培管理。要根据番茄的长势及发育规律，调控温、湿度，尤其在生长中后期要经常保持土壤湿润，棚内不可过于干燥。③选用抗病毒病的品种。及时对蚜虫进行防治，切断传毒途径。发生病毒病时，及时施用植病灵、菌毒清、菌克毒克等防治。④使用2,4-D或防落素时浓度不要过大，注意不要将药液洒在叶片上。⑤适时摘心、整枝。摘心和侧枝整形要根据植株长势确定，保持合理的叶面积，既要控制旺长，又要防止早衰。⑥喷洒叶面肥。可叶面喷洒甲壳素或丰收素或激抗菌或瑞培乐等，提高番茄的抗性，可明显减少此类情况的发生。⑦养根。可在杜邦泉程1 000倍液、杀毒矾、雷多米尔、甲基托布津、恶霉灵等药剂中任选一种，加入纳米磁能液等生根剂进行灌根，每棵灌150～250毫升药液。

78. 怎样防止日光温室番茄揭苫后植株萎蔫？

在冬季日光温室番茄生产中，使菜农头疼的一个问题是：连续数天阴雪或大雾不散，突然天晴导致棚内番茄植株萎蔫，严重影响番茄生长，甚至造成植株死亡。

(1)受害症状 揭苫后植株顶部叶片出现下垂，严重时像被开水烫过的一样，呈暗褐色水浸状。将植株拔出后，根系明显有发育不良症状，严重的已变褐色，毛细根极少。如果前期植株生长迅速，叶片幼嫩，也会造成叶脉间变为白褐色，出现像被药害一样的症状。

(2)解决措施 ①注意回苫。天晴后不要急于将草苫拉开，可以隔1个揭1个。使用卷帘机的棚室，可以揭苫1/3，如果发现植株顶部叶片萎蔫，要迅速回苫，如此反复几次，直到植株不再萎蔫为止。也可在萎蔫植株上喷洒清水（最好是温水）缓解萎蔫。不要急于浇水，有的菜农反映，在给番茄浇水后，萎蔫减轻。这种做法虽然补充了植株蒸腾所需要的水分，暂时缓解了萎蔫，但根系很容易受损，使植株抗性降低，在往后的生产管理过程中，更加容易发生萎蔫。正确的做法是：天气转晴后，一切管理以“缓”为主，水分、养分可短期进行叶面补充，以保证温度上升平稳。可用丰收一号加磷酸二氢钾加农用链霉素加白糖(50克左右)溶液作叶面喷施。②养根壮根。可用强力生根剂灌根，也可以冲施腐殖酸、微生物肥料等养护根系。③防止冻害发生。低温天气来临前，可向叶面喷施农用链霉素加甲壳素和磷酸二氢钾溶液。或喷洒红糖发酵液。红糖发酵液的制作方法是：先将红糖3千克溶于5升清水中，再加入白色酵母100克，放入温室或大棚内的容器中，每天搅动1次，经20天左右，待表面出现一层白沫即成。取红糖发酵液500毫升、烧酒100毫升、米醋100毫升加入清水50升搅匀后喷雾。如果植株中上部枝叶变褐，可对叶面补喷清水，不要迅速提升温度，否则危害更加严重。

79. 怎样防治番茄裂果？

(1)主要症状 番茄裂果多发生在果实成熟期，是一种常见的生理病害。主要有环状裂果、放射状裂果、顶裂果和细碎纹裂果四种。环状裂果的果实表面以果蒂为中心呈环状裂沟。果实出现裂果后不耐贮运，商品性降低，还易感染杂菌，造成烂果。放射状裂果果蒂附近发生放射状裂痕，果肩部同心状龟裂。顶裂果一般在花柱痕迹的中心处开裂，有时胚胎组织及种子随果皮外翻、裸露，受害果实难看，严重时失去商品价值。细碎纹裂果果实表面出现密集的细小的木栓化纹裂，纹裂宽0.5～1毫米，长3～10毫米，通常以果蒂为圆心，呈同心圆状排列，也有的纹裂呈不规则形，随机排列。

(2)发生原因 裂果虽与品种有关，一般果皮薄、果实扁圆形、大果型品种易裂果，但主要原因是水分失调。特别是在高温强光、干旱的情况下，果柄附近的果面产生木栓层，而果实内部细胞中糖分浓度提高，膨压升高，细胞吸水能力增强，这时如浇水过多或降雨过多，果实内部细胞大量吸水膨大，就会将木栓化的果皮胀破开裂。在有露水或供水不均匀的情况下，果面潮湿，老化的果皮木栓层吸水膨胀，会形成细小的裂纹。

(3)防治措施 ①选择种植不易裂果的品种。②深翻土，多施有机肥，促进根系生长，缓冲土壤水分的剧烈变化。③合理浇水，避免土壤忽干忽湿，特别要防止土壤久旱后过湿，果实生长盛期土壤湿度保持在80%左右。④采取高畦深栽，缓解水分急剧变化对植株产生的不良影响。此外，有条件的可将整个果穗套袋覆盖，对防止环状裂果非常有效。⑤必要时补充钙肥和硼肥。可用0.5%氯化钙溶液作叶面追施。⑥保护地要及时通风，降低空气湿度，缩短果面结露时间。⑦喷施2 000～3 000毫克/千克的85%比久水溶液，以增强番茄果面抗裂性。

80. 如何防治樱桃番茄嫩茎穿孔病？

(1)发病症状 主要发生在樱桃番茄生长点以下8～12厘米处的幼嫩茎部和果实。嫩茎受害初为针刺状小孔，并且茎部逐渐由圆形变为扁圆状，继而由针孔处开裂并不断变大，最后形成蚕豆粒大小的穿孔状，下部至茎与上部生长点仅靠两边表皮的极少部分组织相连。穿孔部位表皮开裂，韧皮部外露。受害株初穿孔部位的嫩茎横截面输导组织及髓变黄，继而发黑呈木栓化。植株受害后，开始生长点部位生长缓慢，开花延迟，严重时植株上部变黄发干而死亡，形成秃顶植株。果实受害后，果面上有孔洞，从外面可看到果肉内胶状物质，果实失去商品和食用价值。

（2）**病因及发病条件** 属生理性病害，主要是由植株缺钙和硼引起，或因环境条件不良使植株在生育盛期对钙和硼的吸收受阻而引起体内元素失衡产生；其次为花芽分化阶段遇有低温、日照不足，尤其是夜间温度低，造成花芽发育不良，易形成穿孔果。部分樱桃番茄品种在育苗阶段花芽分化期遇有连续3～4天夜温低于8℃或昼温低于16℃持续5～7天的条件，极易发生嫩茎或果实穿孔病。此外，在保护地栽培期间遇有连续3～5天的阴雨低温天气与骤晴天交替进行时，也易发生嫩茎穿孔病。

（3）**防治技术措施** ①增施有机肥和钙、硼肥。首先，定植前应多施腐熟有机肥，其中以施鸡粪为好；其次，每667平方米随整地施入硅、钙肥60千克、硼砂1～1.5千克，可有效补充营养并预防发病。②采用高畦双高垄栽培。整地时做成高15～20厘米的小高畦，中间开沟将两边培成高垄并覆盖地膜增加受光面积，以利于提高夜间地温。③加强田间管理，采用配方追肥。樱桃番茄植株在遭受不良环境如低地温及低气温较长时间时，容易形成土壤中钙、硼、铁等元素的移动缓慢和吸收困难，较易发生此病。应注意加强保温管理，严寒时期晚揭早盖草苫，使最低气温不低于10℃，地温不低于14℃。同时在定植后随喷药每隔7～10天喷1次含硼、钙的叶面肥进行补肥。④对于已发病植株，及早用0.2%～0.3%氯化钙或硝酸钙液喷雾，重点喷中上部茎叶，每隔7～10天喷1次，共喷2～3次，可有效控制嫩茎或果穿孔病的加重和扩展。

81. 如何防治保护地番茄2,4-D药害？如何区别番茄激素中毒与番茄蕨叶病毒症状？

近年来，保护地番茄2,4-D药害导致的畸形果数量越来越多，严重地影响了番茄的产量和品质，必须重视防治番茄2,4-D药害。

(1)发生症状　2,4-D是一种植物生长调节剂，可以有效地防止番茄因低温及弱光而引起的落花。但如果施用过量，或附近施用2,4-D造成飘移危害，或施用含有2,4-D的农药化肥等，番茄就会产生2,4-D药害。其症状是：受害番茄叶片或生长点向下弯曲，新生叶不能正常展开，且叶多、细长，叶缘扭曲成畸形，茎蔓凸起，颜色变浅，果实畸形。

(2)防治方法　2,4-D常被用作处理花朵，因此保护地番茄防治2,4-D药害的关键时期为开花授粉期。其具体防治措施如下：①适时处理。开花当天用2,4-D蘸花，在刚开花或半开花时蘸花最好。未开花时不能处理，否则，将抑制其生长而形成僵果；开过的花也不能处理，否则，易形成裂果。若气温低，花数少，应每隔2～3天蘸1次；盛花期每天或隔1天蘸1次。②浓度要适当。若2,4-D使用浓度过低时保花效果不明显，浓度过高易导致僵果和畸形果。2,4-D在番茄上的使用浓度一般为10～20毫克/千克，应根据棚内温度、湿度的变化配制对应浓度。温度低、湿度大则加大浓度。冬春季温度低时，浓度为15～20毫克/千克；温度高、湿度小则降低浓度为10～15毫克/千克。蘸花前可先做小片试验，再做大面积处理。③注意处理方式。一是采用浸蘸法做2,4-D处理，浸花的浓度应比涂花的浓度(10～20毫克/千克)稍低。浸蘸法是把基本开放的花序(已开放3～4朵花)放入盛有药液的容器中，浸没花柄后，立即取出，并将留在花上的多余药液在容器口刮掉，以防止发生畸形果或裂果。二是防止重复蘸花。每朵花只可处理1次，如重复处理易造成浓度过高，从而导致僵果和畸形果。在配制药液时，加入少量红色广告粉做标记即可避免重复蘸花。三是避免在炎热中午蘸花。在强光、高温下，番茄植株耐药力弱，药剂活性增强，易产生药害。一般在10～16时蘸花最好。四是2,4-D是一种对双子叶植物有效的除草剂，在操作时，严禁喷洒，要避免触碰嫩茎叶和生长点，以免发生药害，使叶片皱缩变小。如果棚室内花的数量很多，可改用25～40毫克/千克防落素溶液喷花。④加强肥水管理。2,4-D是一种植物生长调节剂，而非营养物质，因此必须结合肥水管理，以保障充分供给果实生长发育所需的养分。必要时，可喷洒植物增产调节剂或叶面肥，以利于植株尽快恢复正常生长。

(3)番茄激素中毒与番茄蕨叶病毒症状的区别 ①激素中毒是一渐进症状，常表现叶片向上卷曲僵硬，纹理(叶脉)较粗重、发硬。而蕨叶病毒叶片不是渐进式，得病后即表现出来，叶片卷曲，细如针、丝。②激素中毒往往在保护地中表现弱株叶片卷曲突出，点花越多，卷曲越重。病毒病则表现不出点花越多卷曲越重的特征。③激素中毒表现在叶片皱缩卷曲时，其颜色不变或更绿。而染病毒病的一般叶片颜色比正常株要黄。④秋延迟茬番茄定植越早，气温越高，激素中毒的可能性越大，为防止植株徒长，菜农往往在苗期使用过矮壮素、助壮素、矮丰灵或多效唑，植株体内已经积累了很多激素，一旦做点花处理，中毒症状马上表现出来。

82. 番茄落花落果的原因是什么？怎样防止番茄结果期花果脱落？

番茄生长发育进入开花结果期后，常常会出现大量的花果脱落，严重影响番茄的产量。

(1)造成番茄落花落果的原因 ①低温阴雨寡照。番茄开花期的最适宜温度为25℃～28℃，当温度下降到15℃以下，则花粉的发芽不良；下降至10℃以下时，花粉不能发芽生长，导致受精不良，花体生长激素缺乏而大量落花。同时，低温阴雨日照不足，有时会长期寡照，有机物无法通过正常的光合作用产生，花朵发育不良而出现落花落果。另一方面，低温阴雨时空气湿度较大，花粉粒膨胀过度而破裂，失去授粉能力而出现落花。②高温干旱。番茄开花结果期(夏秋季节)尤其需要水分，土壤过干，特别是由湿润转干或植株短时间内失水过多，生长不良，花粉失水不育而引起落花落果。另一方面，此期土壤虽不干旱但空气干热，当空气相对湿度低于10%以下时，花朵柱头和花粉会很快干缩，花粉不能在柱头上发芽生长而落花。夏秋季节会出现高温天气，有时中午气温高达35℃～40℃甚至超过40℃，造成高温灼伤，花粉败育，花朵萎缩而落花。③植株生长营养不良。番茄进入花果期后，开花、花蕾形成、坐果和果实生长发育等阶段对各种养分的需求达高峰期。此时若养分供应不足会出现落花落果。营养不良，还会影响到花器官及果实的正常发育，如出现花粉小、花柱细长不均，将导致不能正常授粉而脱落。

(2)防止番茄落花落果 ①培育壮苗移栽，增强植株的抗逆性。②防止根系损伤。由于土壤营养及水分不良，根系发育不良，或由于定植时严重损伤苗根导致的落花也是一个重要原因。所以移苗时应多带些土，稍栽深，栽后浇水，以后不旱不浇水，防止积水伤根。③科学调控番茄生长环境的温、湿条件。春季防低温，夏秋季防止高温或干旱，适时浇水、排水，保持地面干爽，高温时叶面喷水雾以降温护花保果。④花果期及时合理施肥，确保各种养分均衡供应。一是补充微量元素。可往叶面喷洒微量元素叶面肥如黄腐酸盐(一袋 50 克对水 15 升)或绿芬威二号(一袋 100 克对水 45 升)、瑞绿或金回报等，以减轻番茄落果。二是增施养根肥。要注意在施肥时多施生物肥如土根丈丸、海藻肥等做基肥，冲施甲壳素等促进番茄根系生长，保证对各类养分的均衡吸收，可减少番茄落果。同时要注意施钾肥。⑤及时进行化学调控。目前较为有效的药剂是番茄灵和 2,4-D。番茄灵的使用浓度为 20～40 毫克/千克，一般喷洒、浸蘸花朵浓度为 25～30 毫克/千克，蘸花梗浓度为 30～35 毫克/千克，春季防低温落花浓度为 35～40 毫克/千克，夏季防高温落花浓度为 25 毫克/千克。2,4-D 使用浓度为 10～20 毫克/千克，高温季节浸花或喷花浓度稍低；反之，则稍高，但要注意防止出现药害。

83. 番茄发生畸形果是什么原因？如何防止？

(1)主要症状 主要发生在第一穗果，也有少数发生在第二穗果的个别果实，主要形成各种奇形怪状的多心皮果实。常见的畸形果形状有扁圆、尖顶、多棱、椭圆、指形果、多室双体果等。

(2)发生原因 除和品种的特性、播期过早有关系外，低温、营养不良和激素处理不当，也是畸形果发生的主要原因。花芽分化不正常，形成多心室的子房是导致乱形果出现的根本原因，冬季和早春育苗时，如果从花芽分化开始，连续遇到

7天左右低于8℃的夜温，低于20℃的昼温，则第一个花序的第一个果会发生乱形；如果直至第七片真叶展开，一直处于不良环境，则前3穗果都会发生乱形。氮肥过多，根冠比例失调，定植时苗质量不够壮苗标准，营养物质形成少，遇低温，日照不足，使花器及果实不能充分发育。低温、偏氮肥、水肥、光照不足，养分过剩使生殖生长过旺，也能产生畸形果。目前，日光温室等保护地番茄生产普遍采用2,4-D、番茄灵、防落素等激素蘸花，防止番茄落花、落果，以提高坐果率。根据实际生产观察，生长激素的使用浓度与畸形果率有一定的关系。使用激素时，如气温高、使用浓度低，不仅不影响果实形状，而且可提高坐果率；相反，在使用激素时，如气温高，使用浓度也高，尽管坐果率有提高，但畸形果率也提高，使番茄果实失去商品价值，生产经常受到损失。

(3)防止措施 ①选择对低温不敏感且商品性好的高产品种。②育苗期白天温度应保持20℃，夜间温度保持在10℃左右，使植株花芽分化、生长发育正常。③加强管理，适当控制肥水，营养要素配合适当，防止偏施氮肥。④适期播种、定植，为植株生长发育创造一个稳定的良好环境。⑤用2,4-D、防落素、番茄灵等激素蘸花，要注意蘸花的时间、温度，并掌握好使用浓度。

84. 番茄发生畸形花是什么原因？如何防止？

(1)主要症状 畸形花又称为“鬼花”，表现多种多样，有的畸形花表现为2～4个雌蕊，具有多个柱头。有的畸形花雌蕊更多，且排列成扁柱状或带状，这种现象通常称为雌蕊“带化”。如畸形花不及时摘除，往往会结出畸形果。

(2)发生原因 主要是花芽分化期间夜温过低所致。花芽分化，尤其第一花穗分化时如夜温低于15℃，容易形成畸形花。苗床管理不当，出现连续数天的35℃高温，而且水分不足，使秧苗萎蔫，其生长锥的花芽不健全，也易出现畸形花。此外，土壤干湿不当，氮肥过足，以及有害气体等影响花芽的正常分化，也会形成畸形花。

(3)防止措施 ①环境调控。在花芽分化期，苗床白天温度应控制在24℃～25℃，夜间在15℃～17℃。在生长期间保证光照充足，湿度适宜，避免土壤过干或过湿。②抑制植株徒长。不应采取降低夜温的办法抑制幼苗徒长，这样会产生大量畸形花。可采用"少控温"、"多控水"的办法进行抑制。③科学施肥，确保苗床氮肥充足，但不可过多；磷、钾肥及钙、硼等中微量元素肥料要适量。

85. 如何防止大棚番茄氨气和亚硝酸气害的发生？

(1)症状 ①氨害。番茄受氨气危害一般先在中位叶出现水浸状斑点，接着变成黄褐色，最后枯死，叶缘部分尤为明显。高浓度氨气还会使番茄叶肉组织崩坏，叶绿素分解，叶脉间出现点块状褐黑色伤斑，与正常组织间界线较为分明，严重时叶片下垂，甚至全株死亡。②亚硝酸气害。番茄亚硝酸气害也是中位叶表现最剧烈，症状为叶缘或脉间出现水浸状斑点，迅速失绿呈黄褐色或黄白色，与其周围健全组织界线清楚，严重时全叶除叶脉外均失绿，呈黄褐色或黄白色枯斑，甚至全叶枯死。

(2)发生原因 ①过量施用氮肥。氨气和亚硝酸气两者都是因过多施用氮肥造成的，其中氨气是在保护地中施过量铵态氮肥和尿素，遇高温氮肥就易分解而逸出氨气，特别是中性或偏碱性土壤更易发生。当氨积累达到一定浓度，番茄就会中毒。产生亚硝酸气的原因是：土壤 pH 为 5 左右或更低，土温较低，土壤中氮素过多等。在一般土壤中，铵态氮在硝化细菌的作用下很快转变成硝酸，但当土壤温度较低、pH＜5 时，硝化细菌的活性低于亚硝化细菌的活性，就会导致亚硝酸积累，此时如果土壤中留有相当数量的铵态氮，则不断生成亚硝酸，进而产生一氧化氮，后者在空气中氧化成亚硝酸气。②土壤酸碱性。在同样的土壤质地和温度等条件下，中性和碱性条件容易产生氨气危害；而酸性条件则容易产生亚硝酸气危害。③土壤质地。质地较黏重的土壤，对离子的吸附能力较强，气体不易产生和逸出；而沙质土则相反，气体容易产生和逸出。因此，沙质土上的保护地番茄要注意防治气害。④不同品种的抗性。不同的品种对气害的抗性不一样。

(3)诊断 ①外形诊断。根据上述气害产生的危害症状来判别，特别注意观察气害发生的叶位，以及受害部位和正常部位的界线。②检测棚膜露滴的酸碱性。一般棚膜内亚硝酸气形成的露滴呈酸性，氨气形成的露滴呈碱性。因此，可以通过检测棚膜露滴的 pH 来诊断氨气和亚硝酸气的危害。露滴 pH 的检测通常在早晨换气之前用精密 pH 试纸取样进行。根据露滴 pH 的检测结果判断气体的种类及伤害的程度。

(4)防止措施 ①选用适宜的氮肥品种，控制氮肥用量。土壤中氨气和亚硝酸气的逸出主要是土壤中过量氮的积累。因此，选用缓释性肥料和有机肥，控制肥料用量，是防治氨气和亚硝酸气的关键。②调节土壤 pH。土壤酸碱度直接影响到氨气和亚硝酸气的逸出，对酸性土应施用石灰和有机肥，以减少氨气的危害。③其他矫治方法。一旦遭受气体危害，应及时通风换气，灌水淋洗，驱除积累的有害气体。还可以施用硝化抑制剂，以阻止亚硝酸气的产生。

86. 如何预防番茄空心？

(1) 主要症状 胎座组织生长不充实，果皮部与胎座种子胶囊部分间隔空隙过大，使种子腔成为空洞。从番茄果实外表看，有棱角，横断面呈多角形。

(2) 发生原因 ①品种的心室数目少。心室数目少的品种易发生番茄空洞果。一般早熟品种心室数目少，中晚熟的大果型品种心室数目多。②受精不良。花粉形成遇到35℃的高温，且持续时间较长，授粉受精不良，会形成空洞果。果实发育中果肉组织的细胞分裂和种子成熟加快，与果实生长不协调，也会形成空洞果。③激素使用不当。用激素蘸花时，激素浓度过大、重复蘸花或蘸花时花蕾幼小均易产生空洞果。④光照不足。由于光合产物减少，向果实内运送的养分供不应求，造成生长不协调，也会形成空洞果。⑤疏于管理，致使盛果期和生长后期肥水不足营养跟不上，碳水化合物积累少，也会出现空洞果。⑥迟开花果。同一花序中迟开花朵形成的果实，如果营养物质供不上，也易形成空洞果。

(3) 预防措施 ①选用心室多的品种。②合理使用激素。每个花序有2/3花朵开放时(必须是开成喇叭口状的花)喷施激素，防落素浓度为15～25毫克/千克；用番茄灵蘸花时浓度为25～40毫克/千克，不要重复使用；在高温季节应相应地降低浓度。蘸花时，必须是开成喇叭口状的花，浓度要准确，量不宜过多，不要重复蘸花。③施足基肥。采用配方施肥技术，合理分配氮、磷、钾，调节好根、冠比，使植株营养生长与生殖生长协调平衡发展。结果盛期，及时追足肥、浇足水，满足番茄对营养的需要，若有早衰现象应及时进行叶面喷肥。④合理调控光照和温度，创造果实发育的良好环境条件。苗期和结果期温度不宜过高，特别是苗期要防止夜温过高、光照不足；开花期要避免35℃以上的高温对授粉的危害。⑤防止用小苗龄的幼苗定植。小苗定植根旺，吸收力强，氮素营养过剩也易形成空洞果。⑥适时摘心。摘心不宜过早，使植株营养生长和生殖生长协调发展。

87. 如何防治番茄黄枯与萼片干尖？

保护地番茄在过量冲施复合肥或长期施肥过多后，会出现大量枯叶和花萼干尖，这是因为长期施肥过多，形成盐害所致。

(1)盐害 番茄是比较耐盐的作物，它可以在0.5%的盐浓度下生存。但据试验，番茄要正常生长，盐浓度不宜超过0.3%。

在保护地番茄生产中，多数棚的化肥用量偏高。若按每次浇水20立方米，施肥50千克计算，即使均匀，其浓度也达到0.25%；如施肥75千克，浓度即达0.375%，而正常生长的番茄同步吸收水肥的比例仅在0.2%左右(这个数值因溶液的变化而变化)。这样，长时间的积累，土壤盐浓度很容易超过0.3%或0.5%。

番茄在受到盐害时，表现为心叶卷曲，嫩叶及花萼部位有干尖现象；根尖及新根变褐色，植株矮化；番茄果肩部有深绿色条纹，与果实其他部位的颜色有明显区别；果实生长缓慢。受危害严重的植株甚至会出现黑根、缺绿、枯叶，最后萎蔫、死亡。不同的品种对盐分的耐受力有差异。

在棚室内，由于免受雨水的淋溶作用，土壤内矿质元素肥料流失少，而土壤深层的盐分受土壤毛细管的提升作用，随土壤水分上升到土壤表层。这两种作用的结果使表层土壤溶液浓度逐年加大，当达到一定浓度时，就会产生盐害。

（2）防治措施 ①合理施肥。根据番茄对肥料吸收量的多少进行配方施肥。选择施用不带副成分的肥料，如尿素、磷酸二铵、硝酸钾等，尽量少施硫化物和氯化物。注重与有机肥料配合使用。高温期间应控制肥料用量。②休闲时撤膜。对于1年覆盖1次棚膜的棚室来说，撤膜的时间越长，防止盐分聚集的效果越好。③灌水除盐。渗水良好的棚里，可以加大灌水量，反复进行2～3次，让水带盐渗下。或在休棚时大量灌水。④换土。此外，深翻土壤，加强中耕松土，可以切断毛细管，防止表层土壤盐分聚积。增施有机肥或其他疏松物质如稻壳、麦草、锯木屑等，不仅能改善土壤的物理性状，而且对土壤溶液浓度变化能起缓冲作用。铲除表土，可以避免或减轻盐类聚积。

88. 如何识别与防治番茄果实脐腐病？

（1）主要症状 该病的症状在番茄如乒乓球大小至鸡蛋大小的幼果期即开始发生。果实脐部先形成暗绿色水渍状斑，后逐渐变成黑色。严重时病斑扩展至半个果面，果肉组织干腐，向内凹陷，因腐生菌寄生而形成黑色霉状物。接近成熟期的青果易发生此现象。幼果发病后，果实增大而病斑不增大，受害果实提早变色成熟，脐腐果的发生处于果实绿熟阶段。脐腐病的发生部位并不仅仅局限在脐部，有时也在脐部外侧发生。

（2）发生原因 主要原因是土壤干旱，植株果实部位缺钙。因为钙在植物体内是不容易移动的，土壤干旱时根不能从土壤中吸收钙。或因土壤中氮含量多，营养生长旺盛，果实不能及时得到钙。高温干旱时此病发生较多。

(3)防治措施　一是土壤缺钙时，每667平方米用硅、钙肥或碳酸钙50～100千克均匀撒施于地面并翻入耕层中。二是避免施用氮肥过多，特别是速效氮肥不要一次施用过量。三是适时浇水，防止土壤时干时湿，特别是不要使土壤过分干旱。四是在番茄坐果期，每隔10～15天喷1次1%过磷酸钙或0.5%氯化钙溶液，要喷到果穗及上部叶。

89. 大红番茄果实成熟时呈黄褐色是什么原因？如何防治？

(1)主要症状　这是一种生理病害，俗称果实着色不良、茶色果。果实成熟时呈黄褐色或茶褐色，表面发乌，光泽度差，商品性明显降低。

(2)发生原因　番茄着色是由于叶绿素分解形成茄红素的缘故，光照不足只能使果实着色缓慢，而不是着色不好。如果氮肥过多，叶绿素就会增多，分解形成茄红素的过程就会推迟，使果实着色不好。但在缺少氮、钾肥时，叶绿素分解形成茄红素的过程也会受到影响，使果实着色不良。温度也是影响着色不良的原因，高温还会导致着色不良，形成黄色果实。

(3)防治措施　在合理施用氮、钾肥的同时，室内要保持适宜的温度。一般在果实膨大前期夜间温度不能低于5℃～10℃，果实膨大的后期是着色期，温度必须保持在25℃左右。低温期栽培，在适当提高温度的同时，要及时摘除老叶，增加采光。

90. 如何识别与防治番茄绿肩果病？

(1)主要症状　番茄萼片周围的果面呈绿色，主要是缺钾造成的，俗称“绿背病”。下部叶片出现黄褐色斑，症状从叶尖和叶尖附近开始，叶色加深，灰绿色，少光泽。小叶呈灼烧状，叶缘卷曲。老叶易脱落。果实发育缓慢，成熟不齐，着色不匀；果蒂附近转色慢，绿色斑驳其间。

(2)**发生原因**　番茄果实局部番茄红素的形成受到抑制所致，易在偏施氮肥、番茄植株生长过旺的情况下发生，尤其在氮肥多、钾肥少、缺硼、土壤干燥时发病最为严重。

(3)**防治措施**　每667平方米施钾肥10～20千克，分次施用；叶面喷施0.3%～0.5%的硝酸钾或硫酸钾溶液；增施有机肥料；合理轮作；土壤过分干旱时要适当浇水。

91. 如何识别与防治番茄日灼病？

(1)**主要症状**　田间多见发生日灼病的果实。多是膨大期绿果出现日灼。果实的向阳面出现大块褪绿变白的病斑，与周围健全组织界线比较明显，病斑部后期变干、革质状、变薄、组织坏死。有时叶片也可出现日灼，初期叶的一部分褪绿，以后变成漂白状，最后变黄枯死。

(2)**发生原因**　果实受阳光直射部分温度过高而被灼伤。

(3)**防治措施**　注意合理密植，适时、适度整枝打杈，使茎叶相互掩蔽，这样果实不受阳光直射。注意作物行向，一般南北行向日灼病发病较轻。日光温室温度过高时，及时通风、促使叶面果面温度下降，或及时浇水，降低植株体温。阳光过强时，可隔畦覆盖帘子或覆盖遮阳网。喷施2 000～3 000毫克/千克85%比久溶液，或0.1%硫酸锌或硫酸铜，以增强番茄抗日灼能力。

92. 如何防治番茄高温障碍症状？

(1)**主要症状**　保护地栽培番茄，常发生高温危害。叶片受害，出现褪色或叶缘呈漂白状，后呈黄色。发病轻的仅叶缘呈烧伤状，发病重的波及半叶或整叶，终至萎蔫干枯。番茄在遇到 30℃的高温时，会使光合强度降低；至 35℃时，开花、结果受到抑制；40℃以上时，则引起大量花果脱落，而且持续时间越长，花果脱落越严重。果实成熟时，遇到 30℃以上的高温，茄红素形成减慢；超过 35℃，茄红素则难以形成，表面出现绿、黄、红相间的杂色果。

(2)**发病条件** 白天温度高于 35℃，棚室内 40℃高温持续 4 小时以上，夜间高于 20℃，就会引起茎叶损伤及果实异常。

(3)**防治方法** ①及时通风，降低棚温。②使用遮阳网遮光。③叶面喷水降温。④化控。喷洒 0.1%硫酸锌或硫酸铜溶液，可提高植株的抗热性，增强抗裂果、抗日灼的能力。用 2,4-D 浸花或涂花，可以防止高温落花，促进子房膨大。

93. 番茄出现网纹果的原因是什么？如何防治？

(1)**主要症状** 所谓网纹果就是番茄在果实膨大期透过果实的表皮可以看到网状的维管束，接近着色期更为严重，到了收获期网纹仍不消失。

(2)**发生原因** 网纹果多出现在气温较高的夏秋季节。土壤氮素多，地温较高，土壤黏重，且水分多，土壤中肥料易于分解，植株对养分吸收急剧增加，果实迅速膨大，最易形成网纹果。土壤干旱，根系不能很好地吸收磷、钾肥，或磷、钾肥在体内移动困难，代谢紊乱，也易形成网纹果。

(3)**防治措施** 选用生长势强的品种。控制氮肥的施用量，若土壤肥沃就不要施用过多的易分解的鸡粪等有机肥。在气温升高时，日光温室等保护地内应加强通风，防止气温和地温急剧上升。适时浇水，避免土壤长时间干旱或土壤忽干忽湿。叶面喷施磷酸二氢钾或爱多收水剂。

94. 番茄出现木栓化硬皮果是什么原因？如何防治？

(1)主要症状 植株中上部容易出现木栓化硬皮果。病果小且果形不正，表面产生块状木栓化褐色斑，严重时斑块连接成大片，并产生深浅不等的龟裂。病部果皮变硬。

(2)主要原因 因植株缺硼引发木栓化硬皮果。土壤酸化，硼被大量淋失，或使用过量石灰都容易引发硼缺乏。土壤干旱，有机肥施用少，也容易导致缺硼。钾肥使用过量，可抑制对硼的吸收。在高温情况下植株生长加快，因硼在植株体内移动性差，硼往往不能及时、充分分配到急需部位，也可造成局部缺硼。

(3)防治措施 ①施用硼肥。如土壤缺硼，应在基肥中适当增施含硼肥料。出现缺硼症状时，应及时用0.1%～0.2%硼砂溶液喷洒叶面，每隔7～10天喷1次，连喷2～3次。也可每667平方米随水冲施硼砂0.5～0.8千克。②增施有机肥料。有机肥中营养元素较为齐全，含硼较多，可补充一定量的硼素。③改良土壤。日光温室等保护地要防止土壤酸化或碱化。一旦土壤出现酸碱化，要加以改良，以调整到中性或稍偏酸性为好。④合理浇水，保证植株水分的供应。防止土壤干旱或过湿，否则会影响根系对硼的吸收。

95. 番茄筋腐病是怎样发生的？如何防治？

(1)症状 筋腐病的症状主要是番茄果实着色不均匀，有绿有红，犹如"花皮果"。待果皮发红的部位变软了，发绿的部位也变红，吃起来味道很差。果实皮绿色时看不出来，等果实皮色开始转红时就会出现这种“花皮果”。

(2)**类型** 一是褐变型。幼果期开始发生，主要危害第一、第二穗果。剖开病果，可发现果皮里的维管束呈茶褐色条状坏死、果心变硬或果肉变褐。维管束褐色及壁面褐变的果实含有黑筋，果实阴面黑筋多，黑筋部分伴生有着色不良现象，成熟果也有绿色残存，黑筋组织硬化。二是白变型。主要发生在绿熟果转红的时期，其病症是果实着色不均匀，发病轻的果形变化不大，严重的靠近果柄的部位出现绿色凸起状，变红的部位稍凹陷，病部有蜡状光泽，剖开病果可发现果肉呈“糠心”状，果肉维管束组织呈黑褐色；轻的部分维管束变褐坏死，且变褐部位不变红，果肉硬化，品质差，食之淡而无味。发病重的果实，果肉维管束全部呈黑褐色，部分果实形成空洞，明面红绿不均。

(3)**发病机理** 黑筋腐病常发生在低温弱光的冬季，植株徒长会加剧黑筋腐病的危害。同时，该病的发生和肥料也有关。多肥特别是铵态氮过量及钾不足或吸收受阻等，有利于黑筋腐病的发生。另外，过度密植、连续摘心等也促进黑筋腐病的发生。白筋腐病的发生与烟草花叶病毒的感染也有密切关系，品种间差异较大，一般不具 TMV 抗性因子的品种易发生白筋腐病。

(4)**防治措施** 主要是在管理上下工夫，适当增加光照，科学确定播种。日光温室内白天温度应保持在 23℃～28℃，28℃以上应通风降温排湿。6～9 月份日光温室上应覆盖遮阳网降低温度。秋冬季节夜间温度为 13℃～17℃时，可加盖覆膜于草帘上，增加保温能力。在秋冬季节的连阴天，即使棚内气温降低也应拉开草帘见光，以促进生长，减轻筋腐危害。定植期采用配方施肥，已出现上述病状的可以喷多元素肥。

番茄专用肥是腐殖酸型复合喷淋肥中的一种，它除具有普通肥料的特性外，还添加了一种能使番茄个大、光滑、均匀的微量元素铜，除高含量氮、磷、钾外，微量元素较全，又含水溶性腐殖酸和多种植物营养素，无毒、无害、无污染。将它用于喷施，吸收率高，土壤不板结，具有“促芽、促根、促叶、保果、增实、提质、抗病、早熟”等作用。及时治虫也是栽培中的关键环节，白筋腐病与昆虫传播烟草花叶病毒有关，在整个生长期内要及时杀灭蚜虫、粉虱等传播媒介，可选用2.5％阿克泰2 500倍液，40％百威特6 000倍液，10％一遍净2 000倍液，40％粉虱绝6 000倍液进行防治，同时用病毒A 500倍液或1.5％植病灵1 500倍液喷雾防治。

96. 如何防治棚室番茄早衰？

(1)症状表现 茎秆细，生长点瘦小；侧枝少，叶片小且薄，颜色发黄，有时叶片上出现瘤状突起；果实不膨大或膨大慢，极易出现裂果、空果及僵果；果实着色不良，果实小；植株抗性降低。

(2)早衰原因 ①连作障碍。保护地番茄因设施有限，产品效益高，常常连年种植，易造成生长不良，即使大量使用肥料，也难以完全改善，以至生长点萎缩，新生枝叶不能正常伸展，引起番茄早衰。②施肥方式不合理。番茄虽然对土壤条件要求不太严格，但片面的增施化肥，常常造成土壤板结，土壤通透性降低，根系生长发育不良，引起番茄早衰。有些菜农为获得高产，一次性肥料施用过多，造成土壤浓度增加，根系生长受阻，因而引起番茄早衰。③育苗措施不当。有些菜农常习惯于提前育苗，结果前茬没有收获，番茄苗已经长成，茬口腾出后，已经形成大龄苗、徒长苗；定植后，因主根受损，不定根很难满足作物对水分及无机盐的吸收，常常引起植株茎秆中空，出现早衰。④激素使用不当。幼苗出现徒长后，不少菜农常习惯于采用喷洒多效唑、矮壮素、助壮素等激素的方法控制幼苗徒长。如用药时间过晚，常常形成头重脚轻的植株；用药浓度过大，极易形成老化苗。以上两种情况均易引起植株早衰。

（3）综合防治措施 ①轮作。防止因连作引起的早衰最有效的方法是与非茄果类蔬菜实行3年以上的轮作，争取茬茬有变化，年年不相同，保持土壤结构稳定。②增施有机肥及菌肥。在保证番茄生长期间所需要的氮、磷、钾的前提下，增施腐熟的有机肥、生物菌肥及微量元素（如铜、铁、锌）。增加土壤有机质，改善土壤的通透性，为番茄根系创造一个良好的生长环境。③培育壮苗。根据茬口合理安排育苗时间，春季保护地番茄苗龄一般为60～70天，秋茬一般为30～35天，秋冬茬为40～50天。根据茬口腾出的早晚合理安排育苗时间。在番茄具3片真叶时进行分苗，株行距为10厘米×10厘米。④合理控制幼苗徒长。如秋延迟茬管理不当，极易造成幼苗徒长。为防止幼苗徒长，最好采取物理方法，如加大育苗床的面积、适当控制浇水、分苗时加大株行距等措施。如采用激素处理，除正确掌握使用浓度外，还应注意使用时间，一般在幼苗具4片真叶前使用效果最佳。⑤施用白糖。近几年的试验证明，在番茄定植时，在定植穴内加入白糖（每穴10～15克），不仅有利于番茄产生不定根，促进缓苗，防止番茄早衰，而且可改善番茄品质，增强番茄抗性。

六、种植新模式

97. 日光温室越冬番茄套种冬瓜栽培技术模式包括哪些关键技术环节？

日光温室越冬番茄套种冬瓜栽培的主要优点是能够充分利用棚室的闲置期，提高对光能、土地及设施的利用率。冬瓜通过育苗移栽套种于番茄株间，不仅不影响番茄的生长，而且可使冬瓜利用番茄支架攀缘生长，实现高产增收。

寿光市圣城街道大仓村在日光温室内进行越冬番茄套种冬瓜的栽培试验，平均每667平方米产番茄9 500千克、冬瓜5 000千克，纯收入1.5万～2万元。他们的经验具有推广价值。

(1)品种选择 番茄一般选用株高、果实大的中晚熟品种，如FA-1420、毛粉802等。冬瓜应选用早熟、雌花着生节位低、适宜密植且茎蔓较短、生长势较弱的品种，如一串铃4号、绿春小冬瓜等。

(2)播种育苗 番茄的播种期在9月上中旬，定植期在10月底至11月初。冬瓜播种期在2月上旬至3月中旬，定植于番茄株间。冬瓜发芽要求温度高，需要时间长，宜采用温汤浸种技术，浸种18～24小时后捞出放在30℃～35℃的地方保湿催芽。催芽后先育成子叶苗，再分植到营养钵中育成3～4叶1心大苗。

(3)种植方式 番茄定植前应施足基肥，每667平方米施优质土杂肥5 000千克加鸡粪2 000千克，三元复合肥100千克，深翻25厘米，整地做畦。番茄大行距为70厘米，小行距为50厘米，株距40厘米，每667平方米栽2 800株。冬瓜在番茄第二穗果采收后及时套种于番茄株间，密度同番茄。

(4)**主要管理措施** ①温度。白天棚温为25℃～28℃，夜间为12℃～18℃。②肥水。番茄坐果前忌浇大水，待番茄第二穗花蘸完后要及时追肥浇水，每667平方米施用复合肥25～30千克加尿素10千克，以后每蘸完1穗花都要追施1次肥，并注意通风排湿。同时，增施二氧化碳气肥，张挂反光幕，并在结果后每隔15天喷1次高美施500倍液。套种冬瓜时要穴施粪肥，结瓜后要及时浇水施肥。③施用植物生长调节剂。番茄定植后，每株浇300～400毫升矮丰灵防止徒长。花期用30～40毫克/千克番茄灵蘸花或用15～20毫克/千克2,4-D点花柄，以防落花落果，提高坐果率。为促进果实成熟，可用40%乙烯利400～800倍液喷果。冬瓜定植缓苗后，每株浇0.1克矮丰灵防止徒长。冬瓜开花后，用15～20毫克/千克2,4-D溶液涂抹雌花瓜柄处。④整枝。一是番茄整枝。番茄采用单干整枝，吊蔓，每株留6穗果。在每穗果达白熟时，应及时摘除下部老叶，让果实多见光，以促进红熟。二是冬瓜整枝。冬瓜采用单蔓整枝，只留主蔓，将侧蔓及早抹除，每株留2个瓜，可选用第二至第四朵雌花结果。主蔓沿番茄架攀缘生长。在见第一个果时进行第一次绑蔓，以后每3节绑1次。绑蔓时要松紧适宜，防止果实下滑着地。三是共生期的管理。番茄套种冬瓜后，冬瓜开花前的管理以番茄为中心，冬瓜开花坐果后的管理以满足冬瓜要求为中心。对番茄要随采收随摘叶。番茄果实收获完毕，要将叶摘除干净，留下茎秆作为冬瓜支架，供冬瓜攀缘向上生长。

(5)**病虫害防治** 主要病害有番茄灰霉病和冬瓜霜霉病。对番茄灰霉病，可用扑海因1 000倍液或速克灵800倍液与甲霉灵 600～800 倍液交替用药防治；对冬瓜霜霉病，可用克抗灵 1 000 倍液或杀毒矾 600 倍液防治。虫害主要有白粉虱及斑潜蝇。对白粉虱，可用吡虫啉 1 200 倍液防治；对斑潜蝇，可用绿菜宝 1 500 倍液防治。

(6)采收　采收期可根据成熟度和市场行情确定。番茄的采收期一般从翌年 1 月份延续到 4 月份。冬瓜的采收期在翌年 5～6 月份。

98. 大棚番茄、丝瓜、小青菜立体套种技术模式包括哪些关键技术环节？

(1)培育壮苗　①番茄选用粉安娜、齐粉、毛粉 802 等优良品种，于 10 月下旬至 11 月上中旬用冷床育苗。苗床应选 2～3 年内未种过茄果类蔬菜的田块。播前用 50℃～54℃的热水浸种 10～15 分钟，杀死种子表面病菌。播时浇足底水，每 667 平方米用种子 30～50 克。播后浅盖细营养土 0.5～1 厘米厚，覆盖地膜。出苗前闭棚增温，白天温度保持 25℃～30℃，夜间 18℃～20℃。齐苗后通风除湿，白天温度保持 20℃～25℃，夜间 16℃～18℃。幼苗 3～4 叶期分苗到营养钵中，越冬采用大棚套小棚加草帘覆盖过夜。地温逐渐回升后，适当追施稀水粪，喷施 0.2%～0.3%磷酸二氢钾溶液，促进幼苗生长。②丝瓜选择肉丝瓜，于 3 月上中旬用大棚套小棚进行营养钵育苗。播前选用温水浸种 3 小时，而后用纱布包裹好种子置于 30℃环境中催芽，破嘴后每钵点播 1 粒。出苗前白天温度保持 25℃～30℃，夜间 18℃～20℃。

(2)合理套种　①番茄苗于 3 月下旬至 4 月初选择晴天上午定植于大棚内，每 667 平方米定植 2 400～3 000 株。定植前 1 周左右施足基肥，每 667 平方米施腐熟有机肥 4 000～

5 000 千克，饼粕 100 千克，磷酸二铵 50 千克。定植后闭棚 5～7 天，保温保湿以促进缓苗。②4 月下旬将丝瓜秧套栽于番茄行间且接近棚架下脚内侧 20 厘米处，每个大棚内栽 2 行，每 667 平方米栽 220～250 株。③7 月中下旬番茄拉秧后，及时翻地、整地和施肥，每 667 平方米施腐熟粪肥 1 500～2 000千克，然后在丝瓜架下抢播小青菜。播种后地表用遮阳网覆盖，高温干旱天气坚持早晚喷水，保持土壤湿润，以促进出苗。

(3)田间管理 ①番茄定植后 2～3 天，如天气晴好植株即开始生长，此时应开始追肥，至开花前追肥 1～2 次，追肥的有效浓度为 0.3%～0.4%。开花期结合浇水追肥，追肥量为总施肥量的 20%。果实膨大期追肥量为总施肥量的 55%。保花保果施用防落素（PCPA），浓度为 10～25 毫克/千克，2,4-D只能用于当天开放或即将开放的花柄上。②丝瓜伸蔓初期，可先在棚架旁插矮竹竿，引蔓爬上竹竿。5 月下旬撤大棚膜后，及时理蔓、绑蔓，适当浇施稀粪水，促进瓜蔓生长。开花结果期要适度浅中耕、松土，摘除下部侧蔓。盛果期勤摘老叶和弱蔓，勤施肥水，勤采瓜，防止坠秧。待小青菜齐苗后，应逐步去瓜蔓，增加棚下光照，以促进小青菜生长。

(4)病虫害防治 ①番茄病害防治。青枯病早期可用 77%可杀得可湿性粉剂 500 倍液，枯萎病早期可用 50%多菌灵可湿性粉剂 800 倍液，叶部病害应及早摘除病叶并用 50%速克灵可湿性粉剂 2 000 倍液喷雾防治。②丝瓜病虫害防治。前期注意用一遍净防治蚜虫，及早喷洒病毒 A500 倍液预防病毒病。用乙磷铝 300 倍液防治霜霉病。后期用敌敌畏 1 500倍加敌杀死 3 000 倍混合液防治瓜螟。③小青菜病虫害防治。在小青菜 1～2 叶期，施用残效期较长的高效药剂如抑太保、杀死克等。整茬青菜尽量只施用2次药。第二次药在青菜上市前不久施，药剂应选用生物性农药，如Bt、烟碱等。

99. 什么是日光温室香椿间作番茄高效栽培技术模式?

(1)茬口安排 于春季用阳畦育香椿苗，秋季定植于日光温室，“霜降”后苗高1米左右盖棚膜，以促发新芽。10月上旬用小拱棚育番茄苗，40天后移栽于香椿行间。香椿为多年生木本植物，栽后可生长多年。

(2)香椿栽培技术要点 ①品种选择。红香椿嫩芽为红色，有光泽，香味浓郁，油脂多，纤维少，其品质比绿香椿好，所以目前生产上较普遍采用。②阳畦育苗。香椿种子在15℃以上发芽较快，可在3月下旬阳畦育苗。定植667平方米需苗床面积45～50平方米。苗床管理的重点是抓好培肥床土、间苗分苗等环节，以利于培育壮苗。③定植。定植前每667平方米施腐熟有机肥5 000千克，氮、磷、钾复合肥和磷酸二铵各25千克。以后应年年施肥，以农家肥为主，以利于提高香椿质量和产量。待香椿苗高20厘米左右时定植，行距1.2米，株距20厘米，每667平方米定植2 700株左右。④田间管理。第一年栽的香椿下霜后不打顶，以后每年“五一”节前后平茬，新芽长到1米左右时打顶，不能留太高。下霜后盖棚膜，40天后即可发出新芽，春节前后上市，可一直采收到翌年5月份。香椿芽长到15～20厘米时即可采收。如采收过早，产量不高；采收过晚，纤维含量多，易木质化，影响品质。在管理过程中，应注意防治锈病和刺蛾类害虫。

(3)番茄栽培技术要点 ①育苗。选用美国4号或189等抗病、高产品种，于10月上旬用小拱棚育苗，加盖棚膜。育苗畦要盖草帘遮荫，防治蚜虫，培育壮苗。②适时移栽。11

月中旬移栽到日光温室内。移栽前，每667平方米施腐熟有机肥5 000千克，氮、磷、钾复合肥30千克。在香椿行间定植1行番茄，番茄与香椿的大行距为80厘米，小行距为40厘米，株距为30厘米，每667平方米定植1 800株左右。③田间管理。番茄定植后，每株留果5～6穗，用15～20毫克/千克2,4-D点花保果。果实膨大期和第一穗果摘后追肥浇水，每667平方米追施复合肥20千克，至翌年5月采收完毕。在管理过程中，要特别注意防治早疫病、晚疫病和裂果病等病害。2,4-D点花要注意浓度不宜太大，以免形成畸形果而影响商品质量。

100. 大拱棚番茄、扁豆立体种植技术模式包括哪些关键技术环节？

自2004年以来，寿光市化龙镇菜农应用大拱棚进行番茄、扁豆合理套种，形成立体种植技术模式，一般每667平方米番茄产量为4 500千克左右，扁豆产量为1 300千克以上，经济效益显著。

(1)选用良种，培育壮苗 ①番茄。选择毛粉802、齐粉等粉果型品种，11月上旬采用大棚套小棚育苗，每667平方米地需种子50克，播前晒种并用52℃热水浸种30分钟，杀死种子表面病菌。每平方米播种子6～8克，播后盖干细土0.5厘米厚，畦面覆盖地膜，搭好小拱棚，密闭大棚，保湿增温。出苗前棚内白天温度保持28℃～30℃，夜间保持18℃～20℃，地温保持16℃～18℃。出苗后轻轻揭去地膜，撒干细土弥合土缝。待幼苗具2叶1心时，选择晴天分苗植于10厘米×10厘米的塑料营养钵中，每钵栽1株苗，分苗后保温保湿促进活棵。缓苗后注意通风防徒长，遇连续阴雨天气发生徒长时，可用15%多效唑粉剂5克对水10升，均匀喷洒番茄苗，控高促壮。②扁豆。选用市场适销、适口性好的寿光地方品种猪耳朵扁豆，分别于1月上旬和3月上旬采用大棚套小棚进行营养钵育苗，每钵点播种子2～3粒。育苗期间控制浇水，防止土壤低温造成烂种死苗；晴天适当通风换气，夜间小棚上加盖草苫保温防冻；外界夜间气温低于－5℃时，要在小棚草苫上加盖一层旧薄膜。

(2)**施足基肥，合理密植** ①大棚为南北走向，长60米左右，宽5.5～6米，中间走道为0.5米。番茄定植前20～25天，每667平方米施优质农家肥4 000～5 000千克、鸡粪1 000～1 500千克，45%硫酸钾复合肥40～50千克，与土壤充分拌匀，覆盖大棚膜增温。②2月中旬待番茄具8～9片真叶时选择晴天定植。定植前每667平方米用都尔100毫升对水40升均匀喷洒畦面以防除杂草，畦面上覆盖地膜。一般行距为50厘米、株距为30厘米。③第一期扁豆于2月下旬套栽在大棚中间走道两侧的番茄行间，一个大棚套栽2行扁豆，株距为1米，行距为1米。覆盖方式为大棚套小棚加地膜，夜间小棚增盖草苫，形成四层覆盖。4月上旬，将大棚内的小棚薄膜撤去，第二期扁豆于番茄搭架后进行定植，将扁豆苗套栽于钢管架下脚内侧15～20厘米处，每根钢管脚旁栽1穴，共栽2行。至此，整个大棚番茄共套栽4行扁豆，每667平方米栽450穴左右。

(3)**精细管理** ①温度调节。前期适当高温闷棚促发棵，晴天白天保持棚温25℃～28℃、夜间保持15℃～18℃。开花坐果期要注意通风降温，棚温不得超过35℃。②肥水管理。番茄坐果前，一般土壤不干不浇水；长势差时，利用晴好天气适当追施稀薄有机液肥提苗，等到第一花序坐果后，要适当增加有机液肥的浓度，每 667 平方米增施尿素 10～15 千克，以后每采收 1 次果追 1 次肥。6 月中旬番茄采收后期，扁豆进入开花结荚盛期，每 667 平方米追施 45%三元复合肥 15 千克加尿素 10 千克，以促进豆荚快速生长。③生化调节。番茄第一花序 50%开花后，用毛笔蘸 50 毫克/千克防落素加 0.1%速克灵混合液涂花柄。在扁豆初花期选用花蕾宝 3 000 倍液或 5 毫克/千克防落素溶液喷花序，每隔 5～7 天喷 1 次，连喷 3～4 次，可提高扁豆结荚率。采收扁豆嫩荚后花序较少时，可用 15%多效唑 8 克对水 10 升喷洒叶面，能增大扁豆茎粗、缩短新生蔓的节间和增加荚重。④整枝吊蔓。番茄开花坐果后要注意摘除果面残留的枯花瓣，以防止病菌侵染；及时抹去赘芽，实行单秆整枝，适当疏果，可提高果实商品性。第一期扁豆甩蔓后，每株扁豆苗用 1 根透明塑料绳吊蔓，注意不要让主蔓一次爬到棚顶，在龙头即将爬到棚顶时落蔓。第二期套栽的扁豆抽蔓后，可利用番茄架牵蔓上钢管，钢管之间用绳拉成网状，以便于扁豆中后期爬蔓。通常将扁豆第一花序以下的侧芽全部抹去，主蔓中上部各叶腋中如果花芽旁混生叶芽时，应及时将叶芽抽生的侧枝打去；如果没有花芽只有叶芽萌发时，则只留 1～2 叶摘心，侧枝上即可形成 1 穗花序。在主蔓长到 2 米左右时摘心，以促发侧枝。

(4)**病虫害防治** 番茄开花结果期病害较多，主要有灰霉病、叶霉病、早疫病和晚疫病危害。除采取农业措施防治外，还可选用 65%的甲霉灵 600 倍液，20%银果 500 倍液喷雾，或每 667 平方米用 15%腐霉利烟剂 300 克防治灰霉病；用 40%杜邦福星 5 000 倍液或 47%加瑞农 800 倍液防治叶霉病；用 72%甲霜灵锰锌 500 倍液防治早疫病和晚疫病。

为害扁豆的主要有蚜虫、红蜘蛛、豆荚螟等害虫，病害较少。可用10%吡虫啉2 000倍液防治蚜虫，用15%扫螨净2 000倍液防治红蜘蛛。选用功夫菊酯1 000倍液，10%除尽1 500倍液，15%安打3 000倍液轮换交替喷雾防治豆荚螟、斜纹夜蛾等抗性害虫。上市前5～7天停止用药。

(5)及时采收 4月下旬，番茄果实变粉红色时采收上市。6月底清田。扁豆5月上旬上市，应在荚面豆粒处稍为显露而未鼓起时采收为佳。9月底腾茬清田。

附　录

日光温室蔬菜主要病虫害种类及农药防治方法

（根据寿光菜农防治病虫害经验总结）

1. 真菌类病害

(1)霜霉病、疫病(包括早疫病、晚疫病)用药种类及使用方法　70％乙磷铝·锰锌500倍液，72.2％普力克（霜霉威）800倍液，58％雷多米尔·锰锌（甲霜灵·锰锌）500倍液，50％甲霜·铜600倍液，50％甲霜·铝·铜500倍液，64％杀毒矾500倍液，85％三乙磷铝500倍液，69％安克·锰锌600～800倍液，58％霜尽400～500倍液，72％霜脲·锰锌（又名克露·霜疫清、霜疫净、红太阳等）500～600倍液，50％灭克（氟吗锰锌）500～600倍液，菌立灭4号500倍液，50％加收米水剂500倍液，易保500～600倍液，58％烯酰吗啉·福美双500～600倍液，58％烯酰吗林·锰锌500～600倍液。每5～7天喷1次，防治2～3次。

(2)灰霉病、煤污病用药种类及使用方法　喷洒50％速克灵（腐霉利）可湿性粉剂1 000倍液，50％扑海因可湿性粉剂或悬浮剂1 000倍液，70％甲基托布津可湿性粉剂500～600倍液，40％百可得可湿性粉剂1 500倍液，40％施佳乐悬浮剂800～1 200倍液，50％农利灵500倍液，绿亨5号1 000～1 500倍液。每5～7天喷1次，连续防治2～3次。

(3)叶霉病、白粉病、锈病等用药种类及使用方法　喷洒氧硅唑（福星）4 000倍液，腈菌唑（福腈）1 500倍液，三唑酮（又名百里通、粉锈宁、20％粉锈宁乳油）一般作物3 000倍液以上、个别作物 4 000 倍液以上，速得利 12.5%可湿性粉剂 3 000 倍液，德国拜耳公司生产的戎唑醇(好力克)5 000 倍液，美国杜邦公司生产的万兴 1 500 倍液，国产赛星 3 000 倍液，世高 800 倍液，叶霉威 500 倍液，多霉威 500 倍液。以上农药每 5～7 天喷 1 次，交替使用，连续防治 2～3 次。

(4)蔓枯病、炭疽病等病害用药种类及使用方法 喷洒 36%甲基硫菌灵悬浮剂 400～500 倍液，75%百菌清可湿性粉剂 600 倍液，80%炭疽福美胂 600～800 倍液，64%杀毒矾500～600 倍液，77%氢氧化铜(又名可杀得、丰护安、瑞扑)500 倍液，56%氧化亚铜(又名靠山)500～700 倍液，菌立灭 4 号 500～600 倍液喷雾，也可用上述农药 1 倍溶液涂抹病部。还可用 50%春雷氧氯铜(又名加瑞农、加收米)500 倍液，50%施保功可湿性粉剂(通用名称为咪鲜安锰络合物)2 000 倍液，安美托 600～800 倍液，炭疽净 500 倍液喷雾，每 5～7 天喷 1 次，交替使用，从发病初期开始，连续防治 2～3 次。

(5)斑枯病、褐斑病、灰斑病、轮纹病等叶斑病类用药种类及使用方法 喷洒 75%达科宁(百菌清)500～600 倍液，64%杀毒矾可湿性粉剂 500～600 倍液，70%代森锰锌、80%大生、强生等 600～800 倍液，10%多抗霉素(宝丽安)800～1 000 倍液，好力克 5 000 倍液，施保功 2 000 倍液，易保 500 倍液，品润 500 倍液，斑博、斑神、斑速尽、叶斑净等 500 倍液，甲霜灵·锰锌 500 倍液喷雾。从发病初期开始，每 5～7 天喷 1 次，交替使用，连续防治 2～3 次。

(6)黄萎病、枯萎病、立枯病、根腐病等土传病害用药种类及使用方法 播种前可用 50%多菌灵可湿性粉剂处理种子和土壤，或在生长期灌根、冲施；也可用恶霉灵(土菌清)拌种、处理土壤及在生长期灌根，防治茄子黄萎病及其他土传病害效果显著。用50%甲羟翁水剂500倍液浸种24小时,或用1 500倍液从苗期开始喷雾,每7天喷1次,连喷2～3次,对各种土传病害均有明显效果。用58%烯酰吗啉·福美双(又名霜尽、盖克)500倍液喷灌根际部,或在生长期每株灌药液250毫升,可防治各种土传病害。用45%三唑酮·福美双可湿性粉剂300倍液浸种或600～800倍液灌根,对茄子黄萎病、枯萎病以及各种作物的根腐病、立枯病、猝倒病、炭疽病、茎基腐病等土传病害均有较好防治效果,并能治愈根腐病、茎基腐病等病害。另外,用绿亨1号、8号、2号800～1 500倍液喷雾灌根,效果良好。用根病灵500倍液喷雾,防治效果也很好。用苗菌敌在育苗时处理苗床土壤,能培育无病菜苗,但不宜喷雾幼苗,以免发生药害。

(7)**绵疫病、绵腐病、菌核病、白绢病等病害用药种类及使用方法** 可用乙烯菌核利(农利灵)50%可湿性粉剂500～600倍液均匀喷洒作物发病各部位,每5～7天喷1次,防治2～3次。也可用40%菌核净可湿性粉剂3 000倍液喷雾防治,但此药易发生药害,因此应在专家指导下使用。用58%甲霜灵·锰锌500倍液喷雾防治绵疫病等病害,若与菌立灭4号或双抗霉素混合使用效果更好。也可用70%乙磷铝·锰锌与菌立灭4号或双抗霉素混合500～600倍液喷雾防治,还可用64%杀毒矾500倍液与速克灵、百可得等农药1 000倍液混合喷雾。

(8)**芝麻斑点病、胡麻斑点病等病害的用药种类及使用方法** 用络氨铜(又名消病灵、菌杀、双效灵、克病增产素、胶氨铜)15%或25%水剂300～500倍液喷雾防治,对防治各种作物上的芝麻斑点病、胡麻斑点病等效果显著,且能兼治细菌性病害。也可用77%氢氧化铜(可杀得、丰护安)400～500倍液喷雾防治。用30%氧氯化铜悬浮剂(氯化氧铜、王铜)600～

800 倍液喷雾，能有效防治芝麻斑点病、胡麻斑点病及各种细菌性病害。用德国拜耳公司生产的好力克 5 000 倍液防治芝麻斑点病，效果也很好。

2. 细菌性病害

(1)细菌性角斑病、叶斑病、缘枯病、斑疹病等病害用药种类及使用方法 用二元酸铜(琥胶肥酸铜、DT)30%悬浮剂 500～600 倍液喷雾防治叶片和果实上的细菌性病害，均有较好的防治效果。用 15%或 25%络氨铜水剂 300～500 倍液防治西瓜、甜瓜上的细菌性病害，效果良好。用噻枯唑(又名叶枯唑、川化-018、叶青双、叶枯宁、细菌净、细菌特净、细菌除尽、细菌扑杀等)20%或 25%可湿性粉剂 400～500 倍液喷雾防治叶片及果实上的细菌性病害，均有理想的效果，且能与任何农药混合使用，深受广大菜农的欢迎。用 72%农用链霉素 4 000 倍液或每 500 万单位链霉素对水 15 升喷雾防治叶片及果实上的细菌性病害，均有很好的效果。另外，选用绿亨 6 号 800～1 500 倍液，绿亨 7 号(77%氢氧化铜)500～600 倍液，冠菌清 1 000 倍液，冠菌铜(77%氢氧化铜)800 倍液，可杀得 2 000 制剂 3 000 倍液，抑快净 800～1 000倍液，防治叶片和果实上的细菌性病害也有理想的效果。

(2)细菌性青枯、溃疡、疮痂、茎部坏死等病害用药种类及使用方法 用 50%DT 可湿性粉剂 500～600 倍液喷雾、灌根，每 5～7 天喷 1 次，每 10～15 天灌根 1 次。也可用绿亨 6 号 1 000 倍液或用 30%氧氯化铜 300～500 倍液喷雾、灌根，还可用冠菌清 1 000 倍液喷雾、灌根。

3. 各种作物病毒病用药种类及使用方法 用盐酸吗啉胍酮(又名病毒 A、病毒净、病毒除尽)20%可湿性粉剂 400～500 倍液喷雾，每 3～5 天喷 1 次，连喷 3 次；也可用 5%菌毒清水剂(市场上出售的“病毒净”、“毒痉净”、“毒霸”等,主要成分就是菌毒清)300 倍液喷雾防治;用 1.5%植病灵乳剂 600 倍液喷雾,效果均较理想。用病毒克星 1 小袋(25 克)对水 30 升,菌克毒克 600 倍液,农康 1 小袋(10 克)对水 15 升,喷雾防治病毒病均有较好的效果。

4. 广谱性生物及抗菌素杀菌杀毒剂 ①用井冈霉素 15%或 17%水溶性剂 500～1 000 倍液喷雾、灌根,对真菌、细菌、病毒各类病毒均有较好的防治效果。②用根叶康(由青岛中垦化工有限公司生产)拌种、喷雾均能杀伤真菌、细菌病害,并能明显减轻各种作物病毒病的发生。③用益微(商品暂用名)拌种、喷雾能防治各种作物苗期病害、土传病害,对各种病毒类病害也有良好的控制作用。用益微拌种时,每 20 克可拌 667 平方米需用的种子;用于生长期喷雾时,每 20 克益微对水 15～30 升。

5. 大棚虫害种类及用药方法

(1)白粉虱、烟飞虱、蚜虫、蓟马等刺吸式口器害虫的用药种类及使用方法 此类农药种类很多,这里仅介绍主要品种及使用方法:用蚜虱宝 1 000～1 500 倍液,粉虱特 1 000 倍液,扑虱灵 800～1 000 倍液,莱喜 1 500 倍液,阿克泰 3 000 倍液,除尽 1 500 倍液,绿菜宝1 500倍液喷雾防治。

(2)斑潜蝇用药种类及使用方法 用神农乐 600～800 倍液,绿菜宝 1 500 倍液,莱喜 1 500 倍液,阿克泰 2 000 倍液,尽胜 1 500 倍液,48%乐斯本乳油 800～1 000 倍液,1.8%爱福丁乳油 3 000 倍液,10%吡虫啉水剂 1 500～2 000 倍液,10%天王星乳油 3 000～4 000 倍液喷雾防治。

(3)各种螟虫、蛾类虫害用药种类及使用方法 大棚蔬菜的此类害虫有棉铃虫、斜纹夜蛾、小菜蛾、菜青虫等咀嚼式昆虫和地蛆等地下害虫。可用50%辛硫磷乳油1 000～1 500倍液喷雾或冲施灌根,用20%高效氯氰菊酯2 000倍液喷雾防治各种咀嚼式昆虫,用50%～80%敌敌畏乳油1 000～1 500倍液喷雾防治各种害虫,用敌敌畏制作的各种类型的烟雾剂均能防治各种害虫。还可用90%万灵1 500倍液,48%乐斯本800～1 000倍液,生物药安打3 000倍液喷雾防治。

(4)各种螨类用药种类及使用方法 用73%克螨特乳油2 000～3 000倍液,20%螨死净2 000～2 500倍液,20%扫螨净3 000～4 500倍液,虫螨杀星1 500倍液,阿维除尽1 000～1 500倍液,1.8%阿维菌素1 500倍液喷雾防治。

6. 根结线虫、茎线虫用药种类及使用方法 施用福气多、米乐尔、好年冬、线敌、线虫灵、线虫除尽、线虫速灭等颗粒剂防治,处理土壤时,每667平方米用10～20千克;做条施或穴施时用3～5千克。也可用克兰德桑水剂灌根和冲施。灌根时,用800～1 000倍液,每株灌250～500毫升药液;冲施时,每667平方米冲施2～3桶,即2～3千克农药。也可用阿维菌素1.8%水剂1千克,冲施在菜地里,防治线虫效果也很好。

7. 各种作物除草剂 种类很多,寿光市推广的有以下品种。

(1)高效盖草能 主要用于油菜、西瓜、甜瓜、马铃薯等阔叶作物和阔叶蔬菜地的除草。其使用方法是,在作物播种后或作物具2～3片复叶时,每667平方米用10.8%盖草能乳油30～35毫升对水60升喷雾处理。

(2)苯磺隆(又名杜邦巨星、阔叶净) 主要用于冬小麦杂草。其使用方法是,每667平方米用75%巨星干悬浮剂1～1.5克对水30～40升喷雾防除杂草。

(3)乙莠水(通用名称乙草胺+莠去津) 主要用于玉米田防除杂草。其使用方法是,在玉米播种后出苗前,每667平方米用40%乙莠水悬浮剂300～400毫升对水40～50升喷雾防除玉米田杂草。

(4)除草醚 适合施用的作物有大豆、花生、芹菜、胡萝卜、萝卜、茴香、油菜、菜花等作物,最适宜做喷雾防治杂草。但是,应在作物播种后出苗前应用,其方法是,每667平方米用25%除草醚可湿性粉剂500克左右,对水30升,喷雾处理土壤表面。

(5)除草通(又名施田朴) 适合施用的作物有玉米、大豆、棉花、蔬菜等作物,用于防除稗草、马唐草、狗尾草、早熟禾、藜、苋菁等杂草。其使用方法是:播种后出苗前每667平方米用33%施田朴乳油200～300毫升对水30～40升喷雾于地表。

(6)地乐胺 适用于大豆、茴香、萝卜、胡萝卜、韭菜、菜豆等作物防除杂草。具体使用方法是:每667平方米用48%地乐胺乳油200～300毫升对水30～40升,喷雾处理地表,施药后划锄混土,然后再播种或移栽。

8. 大棚鼠害用药种类及方法 防治鼠害的方法很多,但要求对人、畜必须安全。这里仅介绍三种防鼠药的使用方法。

(1)绿亨鼠克 用1份药对水50毫升,再加入250～500克新鲜饵料搅拌均匀,于傍晚撒在老鼠出没的路线上。

(2)大卫 用1小盒大卫(5克)配制500克毒饵,于傍晚撒在老鼠出没的路线上。

(3)玉虎 用玉虎5毫升对水50毫升,与500克新鲜玉米或小麦粒拌匀制成毒饵,撒在老鼠出没的路线上。

9. 植物生长调节剂 大棚瓜菜有时生长过快,有时生长过慢，有时因温度过高或过低造成落花落果或化瓜现象，有时形成花打顶现象，这就需要用生长调节剂进行调理。寿光市菜农常用的生长调节剂有以下几种。

一是刺激生长，使果实变大变长的生长调节剂。主要有赤霉素、细胞分裂素、复硝酚胺（市场上销售的甜瓜膨大素、西瓜膨大素等）。

二是抑制作物生长的调节剂。主要有矮壮素、调节安（助壮素、稳丰等品牌）、多效唑、比久等。

三是促使作物果实早熟的生长调节剂。主要有 40%乙烯利水剂、国光牌催红剂、必多收等药剂。

四是保花保果的生长调节剂。目前市场销售的主要有 2,4-D、防落素、施特优、萘乙酸、芸薹素内酯（云大-120）、复硝酚钠（又名爱多收、爱农、丰产素、巨丰系列叶肥）等。

10. 大棚蔬菜生理性病害及缺素症用药种类 此类农药大多为蔬菜常用叶肥，种类很多，有爱多收、爱农、康凯、云大-120、云大-中天、纳米磁能液、绿芬威系列，铁、锌、钙达灵，金钙宝、三不落、巨丰系列、稀土绿霸王、太得肥等。